U0326083

中国财富收藏鉴识讲堂

尚征武讲砚臺

尚征武◎著

中国财富出版社

图书在版编目（CIP）数据

尚征武讲砚台 / 尚征武著 . —北京：中国财富出版社，2018.7
（中国财富收藏鉴识讲堂）
ISBN 978-7-5047-6695-3

I . ①尚…　Ⅱ . ①尚…　Ⅲ . ①砚 – 鉴赏 – 中国　Ⅳ . ① TS951.28

中国版本图书馆 CIP 数据核字（2018）第 132672 号

策划编辑　张彩霞	责任编辑　刘瑞彩			
责任印制　梁　凡	责任校对　孙会香　张营营		责任发行　张红燕	

出版发行　中国财富出版社	
社　　址　北京市丰台区南四环四路 188 号 5 区 20 楼	邮政编码　100070
电　　话　010—52227588 转 2048 / 2028（发行部）	010—52227588 转 321（总编室）
010—68589540（读者服务部）	010—52227588 转 305（质检部）
网　　址　http://www.cfpress.com.cn	
经　　销　新华书店	
印　　刷　北京京都六环印刷厂	
书　　号　ISBN 978-7-5047-6695-3 / TS · 0096	
开　　本　787mm×1092mm　1/24	版　次　2019 年 1 月第 1 版
印　　张　6.5	印　次　2019 年 1 月第 1 次印刷
字　　数　107 千字	定　价　58.00 元

版权所有 · 侵权必究 · 印装差错 · 负责调换

前言

　　中华民族是世界上最热爱收藏的民族。我国历史上有过多次"收藏热"，概括起来大约有五次：第一次是北宋时期；第二次是晚明时期；第三次是康乾盛世；第四次是晚清民国时期；第五次则是当今盛世。收藏对于我们来说，已不再仅仅是捡便宜的快乐、拥有财富的快乐，它还能带给我们艺术的享受和精神的追求。收藏，俨然已经成为人们的一种生活方式。

　　收藏是一种乐趣，但更是一门学问。收藏需要量力而行，收藏需要戒除贪婪，收藏不能轻信故事。然而，收藏最重要的依然是知识储备。鉴于此，姚泽民工作室联合中国财富出版社编辑出版了这套"中国财富收藏鉴识讲堂"丛书。当前，收藏鉴赏书籍层出不穷，可谓玉石杂糅。因此，我们这套丛书在强调实用性和可操作性的基础上，更加强调权威性，并为广大收藏爱好者提供最直接、最实在的帮助。这套丛书的作者，均是目前活跃在收藏鉴定界或央视《鉴宝》《一槌定音》等电视栏目的权威鉴宝专家。他们不仅是收藏家、鉴赏家，更是研究员和学者教授，其著述通俗易懂而又逻辑缜密。不管你是初涉收藏的爱好者，还是资深收藏家，都能从这套丛书中汲取知识营养，从而使自己真正享受到收藏的乐趣。

《尚征武讲砚台》作者尚征武先生，1963 年生于北京，毕业于中央工艺美术学院（今清华大学美术学院），紫石砚"非遗"传承人。2015 年，尚征武先生获得中华炎黄文化研究会、中华砚文化发展联合会评定的"中华砚雕师"称号。

本书是作者从事砚台制作及雕刻数十余年集大成之力作，重点介绍了砚台的分类与产地，以及如何鉴别、挑选与保养砚台，可谓生动新颖而又深入浅出，对于砚台爱好者、收藏家以及研究者均有极大的帮助。

姚泽民工作室

2018 年 6 月

目录

第一章　硯　史

原始砚（秦以前）

12cm×11.8cm×8.2cm

砚的历史源远流长，早在新石器时代，我们的祖先就制造了研磨器，经双手分选、造型、截断、打击、琢磨、作孔等几种工艺而制成。研磨器可以说是砚的雏形，也是制砚历史的开始。

笔、墨、纸、砚，被称为"文房四宝"，《砚谱》："苏易简作《文房四谱》。《谱》言'四宝'，砚为首。笔墨兼纸，皆可随时收索，可与终身俱者，唯砚而已。"古人还戏将"四宝"封侯：纸为"好畤侯"，笔为"管城侯"，墨为"松滋侯"，砚为"即墨侯"。北宋唐庚的《古砚铭序》更从寿夭、德行的角度论道："砚与笔墨出处相近，独寿夭不相近也。笔之寿以日计，墨之寿以月计，砚之寿以世计。其为体也，笔最锐，墨次之，砚钝者也。岂非钝者寿而锐者夭乎？其为用也，笔最动，墨次之，砚静者也。岂非静者寿而动者夭乎？吾于是而得养生焉。"古代文人终生与砚相伴，视砚为知己，于是留下了许多爱砚、赏砚、藏砚的佳话。同时历代文人墨客咏砚、赞砚、铭砚的大量诗文，也成就了砚的特殊地位。砚集历史、艺术、实用、欣赏、研究、收藏价值于一身，具有独特的民族风格和艺术特点，是华夏艺术殿堂中一朵绚丽夺目的奇葩。

一、从"研"到"砚"秦汉砚

砚，或曰研，开始并没有固定的形状，只是用于研磨墨或其他类似颜料，书写或绘画用的研磨器具，都可以称为砚或研。汉代发明了人工制墨，捏合而成的墨逐步改为用模制墨。这时期的砚已雕琢出能磨墨的砚堂和能蓄墨或储水的墨池两个部分，一块砚石具有这两种功能便是砚的雏形了。

东汉许慎《说文解字·石部》："砚，石滑也。"清人段玉裁注："按字之本义谓石滑不涩。今人研墨者曰砚，其引申之义也。"砚的本义是指光滑的石头。汉代以前研磨的砚，都称"研"。新石器时代仰韶文化庙底沟遗址和姜寨遗址，都发现过石制的研磨器。庙底沟出土的为三角形石研盘，面上留有红色颜料痕迹，并附红色颜料块。姜寨出土的研磨器，并附有石研杵和颜料块，这是原始先民们为绘制彩陶而

宜古汉砖砚（汉）14.5cm×14.5cm×5.5cm

用来研磨颜料的工具，也是迄今所见最早的石砚形制。这种自然形态的石砚和研杵到战国和西汉早期仍在使用。这一过程是十分漫长的。

西汉后期，出现了琢制较为规整的带纹饰的砚，东汉时期制作更趋精美，如盖上浮雕盘龙的石砚，通体鎏金、镶嵌彩石的铜盒石砚都是汉砚中的精品。但是汉代最常见的石砚还是一种长方形的平板砚。这种平板砚大小不一，有的装在砚盒内，出土时木质的砚盒大多已朽坏。汉代还未出现块状成型的墨，使用墨丸，因而仍须借助研石在砚上研磨。这种研石大多琢制成方形或圆形，考究的在背部还有雕饰。砚盒中大多设有放置研石的固定位置。汉代的平板砚，除研墨外，也研朱砂或黛青，朱砂用以点书，黛青则用以画眉。砚面平滑无比，研石的底面也非常平滑，使研磨时滑利不涩。

汉代除石砚外，还有陶砚、漆砚和铜砚等。形制除长方形的平板砚外，还有正方形、圆形和人物、动物之类的象形砚，其中圆形砚多带三足。

三国两晋南北朝时期，瓷业生产蓬勃发展，瓷砚亦作为新品种而兴起。瓷砚始见于三国，其形制与东汉圆形三足石砚一脉相承，多作圆盘形，下附三足，三足一般作兽蹄形。砚面无釉，以利研墨。晋代的瓷砚亦多为圆形三足砚，有的带砚盖。西晋的瓷砚装饰精美，砚盖上常饰有圆珠网格纹，盖钮还塑成青蛙或水鸟等动物造型。东晋的瓷砚比较朴素，少见纹饰。南北朝时的圆形瓷砚，砚面渐渐凸起，四周下陷，渐成隋唐"辟雍形"的雏形。砚足也逐渐增多，一般为五足，也有六足、七足。从两汉至魏晋南北朝时期，砚的艺术元素逐渐增加。一个社会的审美风尚直接反映当时的政治经济与文化发展水平，汉代国力雄强。汉人制砚古拙简括，浑朴大方，造型和纹饰多取代表"力量"和"神秘"的动物。南北朝时期，有将象征儒家礼法的辟雍、源自游牧图腾的马蹄，与标志信仰的莲花、兽面组合在一起的砚式，将这三种文化符号集结在同一方砚上，是当时游牧文化、汉儒文化、佛教文化大融合的典型反映。

二、完善发展隋唐砚

隋唐时期是砚发展的一个重要阶段。它的主要标志是采用了专用的砚石来制砚，它们具有质地坚实、石色润美、发墨益毫等特点。从砚的形制来看，还是以实用为主，以箕形砚、风字砚为代表，造型别致，朴素大方。

隋唐五代时的陶瓷砚形制由南朝的圆形多足砚演变为辟雍砚。辟雍本为西周天子所设大学，校址圆形，四周围以水池，形状如璧。辟雍之辟，即通"璧"。辟雍砚圆形，

洪州窑瓷砚（唐）12.7cm×11.2cm×3cm

砚面凸起，四周下凹为水池，形如辟雍，故名。隋唐时辟雍砚的附足增多，通常为十多只以至二十多只，有的在附足之下再垫以圈足，使附足成为一种装饰。

洪州窑瓷砚（唐）16.8cm×11.4cm×4.7cm

唐代国力强盛，政治、经济的发展带动了文化的全面繁荣，诗歌、书法、绘画的巨大成就促进了文具的同步发展，同时在制砚方面也开创了一个新时期。就砚的材质来说，除陶瓷外，还发现和采用了一些专用砚材，如端石、歙石、红丝石、洮河石、澄泥等。尤其是端石和歙石这两种优质砚材的发现和使用，揭开了中国砚史上"双峰并峙"的奇观序幕，奠定了端砚、歙砚在砚史上的主角地位，其影响一直及于今天。

唐砚的形制也较前代多样化，常见的辟雍砚除外，还有箕形砚、风字砚、龟形砚等。晚唐五代还出现了由箕形砚向抄手砚过渡的长方形双足砚。箕形砚是唐代最为经典的砚式。箕形砚外形像簸箕，其深凹的砚堂、昂起的砚尾、向外开张的造型，传递出唐代文明呈现的自信、开放的特征。而这一砚式，与隋唐开科取士的科举制度有一定关联，它蓄墨量大，满足了读书人科考的现实需求，可以说因适而生。

三、用、赏并重宋元砚

宋代是砚史上的辉煌时代，各种优质砚材被发掘和大量使用，砚的形制呈多样化发展趋势，文人学士编撰砚谱，开始了对砚的专业性研究。长方形抄手砚是宋代砚的代表。

宋代最基本而常见的砚式为抄手砚。抄手砚是从箕形砚演变而来的，其典型式样为：长方形，前窄后宽，底部挖空，头部落地，四侧内敛，两边为墙足，可用手抄底托起。其他许多式样虽面貌各异却多少带有抄手砚的特点。其形制无论方圆，大多四周内敛，形成上大下小的特点，具有鲜明的时代风格。其雕刻手法洗练明快，毫不拖泥带水。纹饰多施于砚面，除少数浮雕外，多数用阴线刻画，线条细韧而有张力。

鲁柘澄泥砚（宋）15.7cm×7.2cm×1.4cm

虢州澄泥抄手砚（宋）14.5cm×9.6cm×3.5cm

宋代社会向理想化和精致化发展，尊重文化，优待士人。宋砚主流砚式体现的主要特征：隆起的砚堂是表现多于实用，四壁的内收和平直的线条是文人精神的典型体现，是写实且极简的美，对砚有了更高的要求。北宋诗人苏舜钦

澄泥抄手砚（宋）14cm×9cm×2cm

说："笔砚精良，人生一乐。"可见书写之余，鉴赏和收藏名砚已成为文人的一大乐事，苏轼、米芾、黄庭坚等都是这方面的代表人物。米芾更是一位"砚痴"。同时咏砚、赞砚、铭砚的诗文层出不穷，还出现了《砚史》《砚谱》《砚笺》等研究著论。

宋砚的材质十分丰富，诸如石料、陶瓷、澄泥、金属、水晶、漆、玉等应有尽有。仅就石料来说，据宋人砚谱所载，就有端石、歙石、红丝石、蕴玉石、紫金石、

抄手盘谷砚（宋）9cm×5.6cm×2cm

素石、黄石、青石、白石、褐石、金雀石、延平石、洮河石、唐石、宿石、绛石、驼基石、泸川石、淮石、万州石、归石、成石、吉石、嘉石、沅石、潭石等数十种之多，而其主流则为端石和歙石。

赵家造澄泥砚（宋）9cm×5.6cm×2cm

宋砚的形制也多种多样，据宋代高似孙《砚笺》所载，其形制"近雅者"即有：凤池砚、玉堂砚、五台砚、蓬莱砚、辟雍砚、院样砚、房相样砚、郎官样砚、天砚、风字砚、人面砚、圭砚、璧砚、斧砚、鼎砚、笏砚、瓢砚、曲水砚、八棱砚、四直砚、莲叶砚、蟾砚、马蹄砚等二十余种。宋唐积《歙州砚谱》所载宋代歙砚"样制古雅者"四十种，除与《砚笺》所载相同者外，还有端样、舍人样、都官样、月样、新月样、方月样、龙眼样、方龙眼样、瓜样、方葫芦样、方辟雍样、八角辟雍样、石心样、眉心样、天池样、科斗样、银铤样、宝瓶样、古钱样、外方里圆样、简砚样、笋样、犀牛样、鹦鹉样、龟样、琴样等。

元代砚多为一般较粗石质的杂石砚，优质的端、歙砚较少，这可能与砚坑停采有关。砚的琢制较粗朴，砚底常见琢痕，砚的形制基本延续宋代，粗厚有余，精细不足。这与元代的社会形态有直接的关联。

砖砚（元）

22cm×13.5cm×6.5cm

福到眼前石砚（元）

7.7cm×7.7cm×4.6cm

灵芝池砚（元）

9.5cm×14cm×3cm

墨人石砚（元）

19.5cm×17.2cm×5.5cm

四、繁荣兴盛明清砚

明代开始，题跋、款识及前人收藏情况受到重视，出现了专供收藏、赏玩的砚。明代制砚风格端庄厚重，大件作品居多，同时讲求自然美，因材而异，随形而制，雕刻工艺日趋精细，题材内容极为广泛。

清代砚雕精雅繁细，华美无比。乾隆时期，在宫廷内府设立作坊精心制砚，清代诸家砚谱更为砚"立言传道"。不同艺术风格，不同应用范畴，不同雕刻纹饰，不同质地原料，使得清代砚异彩纷呈、琳琅满目。

明清是砚台发展的重要时期。砚台的主要形制、题材及表现手法基本上仍在延续两宋时期端庄厚重、简洁大方的特点。各种材质、各种形制的砚应有尽有，种类和产品不断增加，并更加注重实用性。由于端溪石坑的多次开采，以及废坍已久的歙石坑的重新开采，优质石品迭出于世，琢砚工艺也因材见巧，精益求精。

双池歙砚（明）9.5cm×10cm×1.8cm

石湖铭双龙端砚（明）

18.3cm×13.2cm×2.5cm

圆瓷砚（明）8.5cm×8.5cm×1.2cm

风字端砚（明）23cm×19cm×3.8cm

北京、安徽、浙江、江苏、广东等地的制砚工艺各具特色，逐渐形成了徽派、浙派、苏派、粤派等地域性的砚艺流派，并出现了一大批制砚的名工巧匠。有的还世代相传，成为制砚世家。如明末清初苏州顾氏一门四代皆为制砚名工（顾道人、顾圣之、顾启明、顾公望）。其中顾启明之妻邹氏，人称顾二娘，琢砚古雅而华美，尤享盛誉。

松皮纹端砚（明）24.5cm×15.5cm×3.6cm

双池白釉瓷砚（明）13.5cm×9cm×3cm

灵璧石抄手砚（明）22cm×14.3cm×4.5cm

钱形歙砚（明）9cm×8.5cm×1.8cm

道光歙砚（清）12.5cm×9.4cm×2cm

清代扬州卢映之、卢慎之、卢葵生祖孙三代则为制作漆砂砚的高手。一些文人和金石家也参与砚的制作，他们强调书卷气，重视题诗作铭，从而产生了既有规矩砚形之简，又脱规矩砚形之粗的文人砚，使砚的文化品位得以提高。出现了既有实用价值，又专供赏玩和收藏的砚，使砚从单纯的实用型，向集实用、观赏、收藏于一身的方向转变，从一般文房用品向工艺品乃至艺术品的方向发展。清代"康乾盛世"，经济发展，文化繁荣，就砚台而言，砚材种类繁多，琳琅满目，石砚品种就达百种以上，形成了一个以石砚为主的庞大种族。此外还有玉砚、铁砚、瓷砚、漆砚、木砚，等等。在形制上更是异彩纷呈，不拘一格，有规矩形、仿物形、随形三大类，数百个样式。在题材上包罗万象，使砚台成为集书法、绘画、金石、文学诸多门类为一体的艺术珍品。雕刻技法日臻完美，形成了以精繁取胜的风尚，逐渐产生了不同的艺术流派和雕刻风格。

特别是清代自康熙时起开设造办处，专为皇家制砚，选优质之石，取各派之长，精细繁缛，华美无比，达到了很高的工艺水准，展示了皇家用砚富贵华丽、庄重威严的特色。

卧冰求鲤石砚（清）12.5cm×15.2cm×8cm

带盖莲花洮砚（清）27cm×21cm×33cm

嘉庆澄泥暖砚（清）12cm×9cm×7.1cm

纵观砚台历史，从史前的萌芽，到两汉的发展，再到隋唐的兴盛、宋元的卓越成就，直到明清砚于精繁中奠定了砚台的文化内涵，砚台的发展渐近顶峰。

从清末到新中国成立前，由于内忧外患，国运日下，经济萧条，百业凋零，砚雕也急剧衰败，很多砚石停止开采，不少名砚销声匿迹，而那些勉强维持生产的砚种，除少数外，大都器形单调，题材浅显，雕刻粗糙，难得清砚之气韵，砚雕到了最危急的时候。

五、百花齐放现代砚

石鼓砚

新中国成立后，党和政府的重视、关怀、扶持，给我国的砚雕艺术创造了良好和广阔的发展空间。砚石重新得到了开采，生产逐渐得到了恢复，古老的技艺得到了传承，许多濒临灭绝或已被历史湮没的砚种得到了挽救和重生。特别是改革开放以来，中国的传统文化得到最大程度的复兴，从而使我国的砚文化进入了空前繁荣昌盛的时期。产砚的地区在扩大，砚石的新品种在增加，各种流派和各地的砚雕风格相互交流、借鉴、融合，雕刻工具和雕刻技法取得长足的进步，制砚者的知识水平、艺术修养在超越前人，制砚名家辈出，砚作精品频现，砚已经从单纯的实用工具变成了集实用、观赏和收藏为一体的艺术品，不仅享誉国内，而且声播海外。砚雕同其他艺术一样，正绽放出绚丽的花朵，谱写着崭新的篇章。相信我国的砚雕艺术一定会再接再厉，不断前进，走向更加光辉的未来！

红棉花开砚

第二章　砚　材

我国幅员辽阔，砚材资源丰富。从古至今，发现的可做砚的材料不下千种，几乎遍及全国，包括石材、竹木、陶瓷、砖瓦、玉石、金属、化石、贝壳、水泥甚至橡胶等。然而最理想的砚材是以下墨、发墨、润笔为特质的。

通过实践，人们发现石材远远优于其他材料。石材亦有高下之分，下墨石材易找，发墨石材难寻，故古人把既能下墨又能发墨之材谓之"德材"。经过数代人的实践筛选，端石、歙石、洮石、红丝石等位列德材之首。

一、端砚

宋代著名诗人张九成赋诗赞美："端溪古砚天下奇，紫花夜半吐虹霓。"

可见端砚位列四大名砚之首，名不虚传。

端砚产于广东省肇庆市，因其古称端州，故名。端石产于市东郊羚羊峡斧柯山端溪水一带和七星岩背后北岭山一带。据地质学家考证约于4亿年前的泥盆纪形成。初采于唐武德年间，行世已一千余年了。

早期端砚只是研墨之用，受到文人墨客的青睐，但并无造型可言。至唐代中叶，砚工开始根据石材的色泽、纹理、形状进行设计加工，图案花纹、飞禽走兽、亭台楼榭，无不入砚，端砚摇身一变，从工具上升为艺术品，从而名扬天下。

特点

端砚研墨不滞，发墨快，墨汁细腻如油，书写流畅而又不伤笔毫。其质地细腻坚实，娇嫩润滑。上品端砚有"呵气研墨"之美誉，无论寒暑，以手抚按砚堂，会马上产生水气，足可研墨。

石眼，是端石最具特色的名贵种类。清人潘次耕在《端石砚赋》中赞曰："人唯至灵，乃生双瞳；石亦有眼，巧出天工。"端石的眼多为活眼，即眼中有珠，且形态、神情各异，如鸲鹆眼、猫眼、怒眼、泪眼等。

产地

端石坑口众多。因下岩洞在山底，常年水浸，石润而质量最佳。主要有六大名坑：

老坑 又称"水岩""皇岩"。位于端溪以东，临近溪水江处。

老坑砚石为泥质结构，致密、块状构造。呈青灰色，略带紫蓝。石质嫩、腻、润、滑，"体重而轻，质刚而柔"。

主要石品有鱼脑冻、蕉叶白、青花、天青、冰纹、金银线等。

麻子坑 乾隆年间发现并开采。相传是一位脸上长有麻子的采石砚工冒险发现，故取此名以示纪念。位于老坑南约 4 千米处，距端溪水约 600 米，砚石质地洁净，优质者可与老坑石媲美。

主要石品有青花、火捺、鱼脑冻、猪肝冻、天青冻等。石眼多碧绿色，多层活眼，是最优的高级砚材。

宋坑　因其发现并开采于宋代，故名。宋坑不同于其他的单一采石坑洞，它拥有一个族群，西起三榕峡，东到鼎湖山，分布面积近百平方公里。上乘宋坑石质地致密、润滑细腻、下墨快、发墨佳。

宋坑石表面还有金星点，在光照下，闪闪发亮。金星点中富含硫黄，故研出之墨略泛金光且防虫蛀，极为难得，为历代书画家所宝。

坑仔岩　又名康子岩。位于老坑以南半山之上，相距200余米。此坑在北宋治平年间（1064—1067年）开采，清咸丰九年（1859年）因塌方伤亡而封坑。1978年年底重新开采。

石质优良，纹理细腻，坚实润泽。石色青紫中略带赤，但不及老坑、麻子坑色彩之斑斓。石品主要有鱼脑冻、蕉叶白、青花等。尤以石眼多、媚而名世。

梅花坑　开采于宋代。主要分布在两个地方，一是鼎湖区沙浦镇典水村附近，二是市北郊北邻山的九龙坑。石质好，下墨快，颜色呈灰白微带青黄。

绿端坑　采石始于北宋。有四个坑口，一是北岭山东岗坑附近，二是端溪朝天岩附近，三是小湘镇大龙地区，四是鼎湖区沙浦镇苏一村附近。

绿端石色青绿中略带土黄色，也有黄、红、胭脂等色。石质幼嫩润滑，最佳者为翠绿色，晶莹无瑕，别具魅力。

　　大清才子纪晓岚非常青睐绿端，他为自己收藏的绿端砚刻铭："端石之支，同宗异族，命曰绿琼，用媲紫玉。"

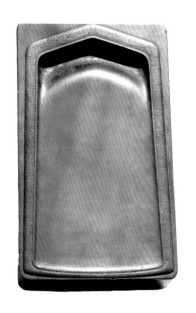

石品

　　鱼脑冻　是端石中质地最细腻、最幼嫩、最纯净的，呈半透明状，有通透感，因状如冻住的鱼脑而得名。色泽白中有黄而微带青，亦有白中略带灰黄色者。

　　蕉叶白　又称蕉白，状如蕉叶初展，白中略带青黄。

　　青花　指长于砚石中呈青蓝色的微小斑点，通常在湿水后才能看到。前人评价为："青花细则佳，粗者次之；活者佳，枯者次之；沉者佳，露者次之。"

天青　素净无瑕，泛蓝一片者谓天青，色青略带灰白。有天青的部位，石质清净、致密、滋润。

冰纹　其特点是白色有晕的线纹，似线非线，状如冰块中的裂纹，与砚石融为一体。质地细腻，形态自然，有纯净、朴素之感。

鉴别

端砚的优劣可以从以下几个方面入手：

石质　以下墨快、发墨如油为优。

石色　端砚以紫色为主调。分辨时要将石浸入水中，便能准确地观察了。最好在自然光照下，防止受室内灯光影响而看不准。

此外还有以翠绿色为基调的绿端石坑。

石声　有经验的藏家在鉴别端砚时，不仅要观其色，还要闻其声。此法自古有之，将不同砚坑的砚，腾空托于手中，以指尖弹叩砚缘，会发出不同的石声。清代吴兰修云："石以木声为上，金声、瓦声为下……盖石润则声沉，石燥则声浮。"

手感　以手抚之，以细腻滋润，如婴儿肌肤者为上品。

雕工　纹饰以"二要"为佳：一要掩饰砚石之瑕疵，二要突出优质的石纹。砚铭的内容不可轻视，若出自书家、文豪之手，自会增色不少。

二、歙砚

歙砚，亦称歙州砚，指古歙州所产之砚，州府在歙县，故名。据地质学家考证，属前震旦纪系上溪群地层，距今约 13 亿年。因歙砚产于婺源龙尾山、仙霞岭一带，故亦称龙尾砚。开发于唐开元年间（713—741 年），被南唐后主李煜赞为"龙尾砚，天下冠"。

特点

歙石纹理美丽，质地细密坚韧，敲击会发出金属声。注水不耗，发墨如油，有"多年宿墨，一濯而莹"之美誉。

产地

歙石坑主要分布在风景秀丽的黄山山脉和白际山脉之间，以砚山村的龙尾砚之石坑最为著名。

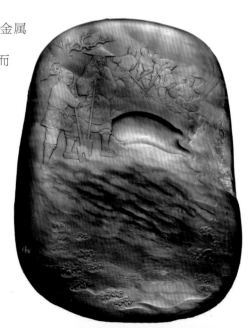

婺源县境内砚坑

1.砚山村（龙尾山）的砚坑。位于溪头乡东南龙尾山脚下。主要有：

眉纹坑，又称眉子坑。位于龙尾山中，距芙蓉溪30米左右。

罗纹坑，位于眉纹坑东侧，开发于南唐。

水弦坑，又名水浪金星坑。位于眉子坑下芙蓉溪旁。

金星坑，又称罗纹金星坑。位于龙尾山西北，距罗纹坑150米左右。

2.济溪的砚坑。

济源坑，又称济溪鱼子坑。位于济溪村后山上，距济溪水面约100米，宋时开采。

碧里坑，在济溪村河对岸的济山上，纹色美妙，俗称"对河坑"。

济溪绿带石坑，位于济溪村头东面山底河道边。

3.驴坑，位于浙源乡驴坑村，与砚山相距70千米，开发于北宋景祐年间（1034—1038年）。

安徽歙县砚坑

1.歙县东部溪头坑，位于歙县歙头镇大谷运村双河口一带，多至十几处。

2.歙县南部砚坑主要在正口、洽河、岔口、周家村一带。

有紫云坑、庙前坑、洽河坑、苏州坑、清溪坑等。

安徽休宁县砚坑

1. 大连坑，位于大连汪村乡汪村至冯村一带。

2. 岭南乡砚坑，位于岭南乡前坦、三溪、苦李山一带。

3. 冯村砚坑，位于大连坑西 10 千米左右。

另有安徽祁门县砚坑、安徽黟县砚坑等。

石品

眉纹类 又称眉子，黑色条纹如人眉，故名。有对眉、雁湖眉、长眉、短眉等品种。

罗纹类 因纹理如罗绢而得名。罗纹比较含蓄，发墨好。其纹理有粗细、疏密、明暗，细分有粗罗纹、细罗纹、古犀罗纹、泥浆罗纹等。

星、晕类 在歙石品类中，最活泼、最亮眼的要属星（金星、银星）和晕（金晕、银晕）了。分布甚广，几乎所有坑口都有它们的身影。

鉴别

歙砚的优劣可从以下几个方面鉴别：

石质 细腻坚实，温润如玉。储水不腐，易清洗，发墨不伤毫者为上。

刻工 以独特、新颖、自然、善用纹路掩饰瑕疵者为佳。

形制 歙砚造型各异，以落落大方，高雅简洁为好。尤以长方形、正方形、圆形、椭圆形为上品。

铭文 以位置合理、大小合适、多寡合宜为原则。若内容为名诗、名句，加之名家雕刻，便会画龙点睛，身价倍增。

三、洮砚

洮砚亦称洮河砚或洮河绿石砚，因其产于古洮州，即今甘肃省卓尼县境内的洮河上游地区，采于深水中，故名。洮石色泽艳丽，细纹如丝，黄山谷有诗赞曰："久闻岷石鸭头绿，可磨桂溪龙文刀。莫嫌文吏不知武，要试饱霜秋兔毫。"洮石颜色有"红洮"和"绿洮"，尤以红洮为贵，极为罕见。

特点

洮石质地细腻，结构紧密，含有多种金属离子，因此发墨快，墨液细而有光泽，兼具端砚、歙砚的优点。

洮石受洮水滋养，水分充足，贮墨不干，呵气便成水珠。

硬度适中，洮石硬度为摩氏 3.5 ~ 4，而墨锭一般硬度为摩氏 2，因此洮砚既耐磨，又下墨。洮石性温和，硬而不脆，易于雕琢，为制砚理想之良材。

色泽雅丽，有绿、褐、黄三种主色调，更有通体绿色者，堪称极品。声音如磬，托起轻弹，音如金属、玉石，悠扬绵长，优雅悦耳。其合苏东坡的"玉德金声"的良砚标准。

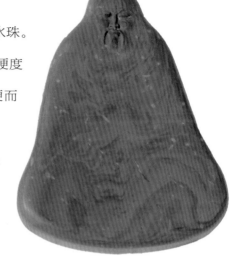

产地

喇嘛崖洮石　位于甘肃省卓尼县洮砚乡境内，是洮砚石材的最重要产地。分为三层：紧靠水面的是宋代开采的老坑，上层则是明清坑洞，中层是新中国成立后开采的新洞。

纳儿村洮石　喇嘛崖西南 2.5 千米的水抱城庄便是。

水泉湾洮石　喇嘛崖东南 750 米处的苟巴崖下的一个水湾处即是。

其他坑口　如丁尕坑、柳叶青坑、羊肝红坑等。

石品

　　鸭头绿　碧绿中稍带湖蓝，艳丽优雅，因似鸭头绿羽而得名。

　　柳叶青　色如柳叶，绿中泛黄白色，素净淡雅，娇而不艳。

　　虎皮黄　色如黄蜡，密布绒毛状条纹，似虎斑纹，故名。

　　水波纹　洮石的重要特征，似碧波涟漪，层层涌动。

云纹　形状多样，有块状、带状、团絮状等。

湔墨点　天然玟点似人为喷洒的墨点状，俗称"墨溅石"。

其他　以石膘的形状分，又有鱼卵膘、松皮膘、冰雪膘等。

鉴别

　　洮砚由于传世较少，文献匮乏，常与其他绿色砚石混淆，古已有之。鉴别洮砚，除从颜色、石纹、石膘等特征鉴别，还要研究其他地区所产绿色砚材的特征，如广东的绿端、甘肃的巩石、辽宁的辽石、吉林的松花石等，避免鱼目混珠，真价假砚。

四、澄泥砚

说起中国四大名砚，素有"三石一陶"之说，"三石"即端石、歙石、洮石，"一陶"即澄泥砚。它虽以泥烧成，却与其他三种名石砚争宠，稳登宝座，令文人雅士爱不释手。它也是唯一不以产地命名，而以材料命名的名砚。

特点

澄泥砚是以江河渍泥为原料，经复杂的练泥成型工艺和特殊的焙烧工艺而制成。质坚耐磨，滑而不腻，润如玉，色多变，储水不涸，积墨不腐，历寒不冰，唐宋时皆为贡品。

产地

关于澄泥砚的产地，历来说法不一，有河南虢州、山西绛州、山东青州等，它们有个共同特点，都在江河附近，便于就地取材。

石品

　　鳝鱼黄　黄色或暗黄色，表面呈现细小斑点。

　　玫瑰紫　也称"虾头红"，其暗紫色与玫瑰相似。

　　豆绿青　深绿色或黄色，夹杂细小斑点。

　　蟹壳灰　其色如蟹壳，有青黑色和灰黑色两种。

鉴别

　　烧窑　假澄泥砚未经正规窑烧，吸水性强，泡水后会干裂；而真的坚如铁石，久置水中无损。假的渗墨、漏墨，真的久贮不干。

　　辨声　假澄泥砚直接取泥加工，泥质不均，以指叩之，声音沙哑；而真的经过千锤百炼，质地细密，叩之则发出金石声。

　　色泽　假澄泥砚色泽全是人工添加，上蜡抛光后虽鲜亮却不自然。真品则是自然窑变，沉稳大气。

　　纹饰　假澄泥砚全是翻模而成，纹路死板，线条雷同，华而俗气；而真的则重视雕刻技艺，讲究浮雕、半起胎、立体等，大气而高雅。

五、其他砚材列表

除四大名砚外，我国有 28 个省、直辖市、自治区均出产砚台。据不完全统计，有 320 余种。现在仍在生产的有 90 余种，有文字记载或实物遗存的有 160 余种，这是中华民族智慧的结晶，砚坛的瑰宝！限于篇幅，列表如下，供读者参考。

省、直辖市、自治区	各种石砚	其他砚材
北京（京）	潭柘紫石砚、黄土坡青石砚	
上海（沪）		黄姚澄泥砚
重庆（渝）	金音石砚、嘉陵峡砚、北泉石砚、夔州石砚	
河北（冀）	易水砚、野三坡石砚	汉白玉石砚
山西（晋）	五台山砚、鱼子石砚、文山石砚、角石砚、静乐紫石砚、白石砚	绛州澄泥砚、煤精石砚
辽宁（辽）	辽石砚	岫岩玉砚
吉林（吉）	松花石砚	

省、直辖市、自治区	各种石砚	其他砚材
江苏（苏）	澄泥石砚、赭石砚、连云港雪砚	漆砂砚、紫砂砚、紫澄砚、水晶砚
浙江（浙）	西砚、越砚、青溪龙砚、衢砚、温州石砚、青田砚、丽水紫石砚、豹皮石砚	龙泉青瓷砚
安徽（皖）	歙州砚、寿春石砚、紫石砚、乐石砚、灵璧石砚、宣城石砚	
福建（闽）	龙池石砚、海棠石砚、凤咮石砚、建奚暗淡石砚、仙石砚、南安石砚、莆田石砚	
江西（赣）	龙尾砚、星子石砚、赭砚、石城砚、玉山罗纹砚、吉石砚、三清山罗纹砚、燕子石砚、永丰菊花石砚、紫金（吉）石砚	瓷砚
山东（鲁）	红丝砚、紫金石砚、砣矶石砚、燕子石砚、淄石砚、徐公砚、金星石砚、田横石砚、尼山砚、薛南山石砚、浮南山石砚、木纹石砚、龟石砚、冰纹石砚、温石砚、青州石末砚、蕴玉石砚、青石砚、木鱼石砚、鹤山石砚、颜鲁公石砚、蒙山石砚、崂山绿石砚、泰山奇石砚	拓沟澄泥砚

省、直辖市、自治区	各种石砚	其他砚材
河南（豫）	天坛砚、虢州砚、黄山砚、蔡州白砚、鲁山紫石砚、鹤壁云梦砚	虢州澄泥砚、三彩陶砚、独山玉砚
湖北（鄂）	云锦石砚、大沱石砚、归州绿石砚、龙马石砚、乌云山石砚、随州紫石砚、京山石砚、角石砚	鄂州澄泥砚
湖南（湘）	浏阳菊花石砚、水冲石砚、桃江石砚、祁阳石砚、沅州石砚、谷山石砚、龟纹石砚、永顺石砚（三叶虫石）、辰州石砚、双峰石砚、明山石砚（紫袍玉带石）、痒纹石砚、凤凰石砚、郴州石砚	
广东（粤）	恩州砚（恩平石砚）	
广西壮族自治区（桂）	柳州石砚	
海南（琼）	琼州金星石砚	
四川（蜀）	苴却砚、凉山西砚、蒲砚、广元白花石砚	
贵州（黔）	紫袍玉带砚、恩州石砚、织金石砚、龙溪石砚	
云南（滇）	点苍石砚（大理石）、凤羽砚、石屏石砚	
西藏自治区（藏）	仁布砚	
陕西（陕）	兴平石砚、宁强菊花石砚、白河石砚、金星石砚	砖瓦砚、富平墨玉砚

省、直辖市、自治区	各种石砚	其他砚材
甘肃（甘）	栗亭砚、嘉峪石砚	
宁夏回族自治区（宁）	贺兰砚	
新疆维吾尔自治区（新）		和田玉砚
台湾（台）	螺溪砚	

——摘自陈国源《砚台收藏指南》

第三章　砚　艺

更惊巧手戏鲤鱼，

莲叶田田宜作字。

这是书法大家赵朴初先生赞美潭柘紫石砚诗歌中的名句。

的确，质地完美的砚材，能否制成名扬天下的砚台，离不开砚艺大师们的绝妙立意和巧手。而每个砚台种类，都有独特的制作工艺和雕刻风格。本章以潭柘紫石砚为例，简述砚的制作工艺和雕刻风格等。

一、制作工艺

工艺流程

潭柘紫石砚的生产技艺有着严格的要求，要求每个制砚工人有较高的艺术修养和雕刻技术，选择的材料和图案设计都非常严谨，下面我们介绍潭柘紫石砚的生产工艺流程。

材料来源　北京潭柘紫石砚雕刻工艺石料产自门头沟区潭柘寺北山，采自明清采石老坑。

选材　尽管石料来自同一个地点，但是，也要根据砚的大小，对石料进行严格的筛选。一般要求石材纹理清晰，质地柔韧相宜，无裂纹，无杂质，颜色一致。

设计 设计分两种情况，一是根据石材的形状，设计制作装饰图形；二是根据客户的要求，按照客户提供的图案进行设计。设计是制砚的魂，要求设计者有非常高的艺术水平和创作能力，以及丰富的制砚经验。

凿活 根据设计意图，使用凿、铲，在石料上凿出图案的总体形象，为下一步铲活提供较顺利的条件。

铲活 铲活是在经过凿后的砚坯上进行的更精确的加工手段，制作者按照砚的设计要求，铲出更加明确的纹络，如龙的形体、松树的形状等。

刻活 刻活是制砚中最精细的阶段，他要求制砚者用刻刀在产出砚的形体上刻画出精细的图案，如铲完的龙身上没有鳞纹，刻活时就要刻上鳞的纹路；花卉的细部纹路刻画等。经过刻活，完成后，一方砚基本就算制成了。

磨活 是用 380 ~ 500 号水砂在制作好的作品上细致打磨，直至作品表面细腻光洁。

装潢 紫石砚的装潢分木盒、锦盒两种，也有配木座的，现在亦有礼品硬纸盒装潢。

潭柘紫石砚十八道工艺流程图

 潭柘紫石砚　制砚流程

1 坑口选料：辨石走向　去槽取精

2 采掘出料：手工开采　严禁火药

3 分类存料：坑口分开　分别码放

4 选料开坯：设计大样　选料开坯

潭柘紫石砚　制砚流程

5 坯料检验：水浸 敲击 检出残绺

6 图样设计：规矩 随形 描绘图样

7 定料定样：料优图精 出坯粗型

8 按图雕刻：图样明确 精雕细刻

⑨ 铲底池堂：制砚首要 铲活为先

⑩ 圆雕浮雕：砚雕花式 通透圆润

⑪ 阳刻阴刻：图饰花纹 深浅适度

⑫ 成形打磨：雕刻成形 打磨去痕

13 精修润色：精心调整 清根净角

14 研磨成砚：水砂磨条 研磨清透

15 刻铭留拓：刻制铭文 拓片留存

16 成品检验：制作工艺 专审评议

潭柘紫石砚　制砚流程

17 封蜡保养：石蜡养护 封砚保养

18 装潢存盒：锦盒木盒 装潢成活

规矩砚的制作

潭柘紫石砚规矩砚是最为常见的，有一定比例标准的砚台。其形制相对固定，尺寸有据可依。制作过程虽然简单，但其工艺精细程度要求很高。

潭柘紫石砚其规矩砚的制作步骤如下：

第一步，粗坯整形。在粗坯的基础上进行整形，通过整形打磨，调整比例关系。由粗到精，合乎要求。方形的坯料横平竖直，互成直角；圆形、八棱形要做到圆形周正，八棱均等；椭圆、风字形要左右对称，而且要用油石或砂纸磨去锋利的棱角，使之合乎砚台雕刻的基本要求而成为真正的砚坯。

整形后的砚坯是规矩平滑的，从而为下一步的加工制作打好基础。

第二步，起边。起边又叫起边线。用划针、直尺沿着画好的边线用力刻画，在砚石表面留下一圈深深的线槽，用平口铲刀沿线槽垂直铲刻，扩大为深2～3毫米的凹槽，其外边就形成了砚缘。

第三步，铲堂。顺着已开好的凹槽，用铲刀由外向内，一刀接一刀，一层接一层地铲，直到把砚池和砚堂部分铲成一个完整和相对平整的面。接着用圆口刀顺着砚缘，将砚堂底部内侧铲成圆弧形的凹槽，不使砚壁和砚堂成为直角。最后再用宽刀平口铲刀，将砚堂中间部位修平，使砚堂基本成形。

第四步，挖池。在成形的砚堂处，按比例画出砚池的位置，再顺着砚堂砚池的交界线用圆口凿子慢慢向下凿刻，并注意不要伤及砚首砚缘。达到要求的深度后，用铲刀把砚池铲刻出来。如果砚岗部要雕刻纹饰图案，就根据情况预留出相应的高度和大小位置。

第五步，挖覆手。规矩砚的覆手多为砚形等比例缩小的形状，挖覆手的方法和铲砚堂的方法基本一致。

第六步，修整。将初步雕刻加工好的砚台进行适当修整，使砚池、覆手深浅一致，砚缘平直，砚岗饱满圆浑；砚壁与砚堂、砚池之间平面的过渡流畅自然；做到砚边左右对称，砚额砚底平行，消除明显的刀痕。

第七步，刻花。规矩砚的纹饰图案较为简单，刻花就是将这些纹饰雕刻出来。刻花的要求是图案纹饰雕刻准确，刀法干净利落、精美细腻，与造型简洁明快的规矩砚相得益彰。

第八步，打磨。规矩砚雕刻工序全部完成后，要对其进行精细打磨，使其更加细腻平整，光洁柔顺。打磨是按照油石和水砂纸粗细标号的不同，由粗到细逐次打磨。打磨的原则是先易后难，先内后外，先整体后局部，直到砚的各个部位都达到满意标准为止。

潭柘紫石砚规矩砚的制作，首先在砚石的选择上要求质地相对纯净，色泽基本一致。注重实用功能，器形端庄、装饰适度、加工精美、打磨细腻、光洁透彻、靓丽引人。

附：规矩砚刻制要诀

按图制砚，分清尺寸；比例适当，合乎形制。

选料出坯，外形规整；均匀厚薄，体式端庄。

画线起边，仔细凿铲；横平竖直，左右对称。

平整光洁，边角规整；收拾打磨，不留痕迹。

花式砚的制作

花式砚又称写实砚，以自然界的物体为摹刻对象，自然界的花草树木、蔬菜瓜果、鸟兽鱼虫等均可入砚，可以说是大自然的浓缩。摹刻的对象自然逼真，但不是单纯的写生摹刻，而要结合砚的特点来构思布局，进行取舍概括，把砚池、砚堂有机地融入砚中，这也是砚雕艺术中新颖独特的艺术表现形式。

花式砚区别于规矩砚，以观赏收藏为主，兼具使用价值。规矩砚是实用加艺术，花式砚是艺术加实用。花式砚又可称艺术砚，其雕刻步骤与规矩砚大体相同，但又比规矩砚更富有创新的特点，以体现艺术内涵和表现力为主要目的。所以，花式砚的制作要求，更有其独到之处。

花式砚的制作步骤为：选材→构图→出坯→粗雕→精刻。

第一步，选材。选材的过程也是一个初步构思的过程，在挑选石料时，就要在心里揣摩这块石料适合刻什么题材；或心里有了初步的构思以寻找合适的石料，可以同时挑选数块石料进行比较，对挑选的石料进行仔细的比较和观察，包括石料的质地、石品花纹的形状、纹理的走向，等等。最主要的是石料是否有裂痕，因为是毛料，不易察觉，要通过敲击、浸水等方法反复检查，一旦发现裂痕或隐裂，石质再好、石色再美也只能弃之不用，或通过裁切去掉裂隙。自然的石皮、巧色要尽量保留和利用，不要轻易弃置一边。

第二步，构图。根据原来心里的构思和石料的形状在纸上画出简单的草图，可以多画几张。砚雕艺术讲究因材施艺，天然造化，要反复比较和察看石料的质地、形状、颜色、纹理等，充分发挥自己的想象能力，选择好主题，进行构图布局，反复推敲，直到满意为止。用毛笔或记号笔在石料上勾画出砚的外轮廓，依形造型，安排好砚池、砚堂的位置，天然的石皮往往当作画面的巧色来安排利用。

第三步，出坯。首先是要裁切，将石料裁切成型。以前主要靠手工锯石，劳动强度高，效率低下，现在一般都用手提式小型切割机来切割石料，顺着石料上勾画出的轮廓线来裁切。裁切成型后，再仔细检查裁切后的断面有没有裂缝，有时也会有新的石品花纹出现，若比原来的要好，还可考虑改变设计，重新构图。现代花式砚的雕琢在工具的运用上比以前有很大的进步，除了传统的凿刻铲外，还有用雕刻机来出坯的。

花式砚的勾样只能在石料的表面上进行，因而很难准确无误地表示出花式砚造型的空间位置，一般只把花式砚的造型概括为几个体积块面的组合，用尽可能少的体块来概括花式砚各个部位的主要特征，不必要强调细节方面的特征。花式砚出坯时要准确地把握其主要特征来切块分面，从坯料的正面、侧面、反面来把握花式砚造型的实际位置，用凿子把轮廓线外的余料凿去，先凿大块面的，后凿小块面的。如用雕刻机来出坯，通常是用锼铊将轮廓线以外的余料去掉，顺序是先去大料，后去小块。通过切块使花式砚的造型以几何形体的方式显现出来。在出坯阶段，应当对各种造型上的细节"视而不见"，要把复杂的造型归纳为几个形状简单的几何体块，并着重考虑它们之间的相互关系，有的要留有修改的余地。

第四步，粗雕。 在出坯的基础上进一步审视砚池和砚堂的位置是否适宜，各部位的比例是否正确，为了能继续雕刻，也为了使雕刻更具准确性，需要在坯料上进行再次勾样。由于经过切块分面的出坯，花式砚的轮廓、砚池、砚堂、凹凸和层次在空间上地关系已大体上确立，所以，可以用毛笔在那些高低起伏的块面上，较为准确地勾画出符合设计意图的图样来。虽说是用笔来勾画，实际上是用大脑进行更加复杂的形象思维。花式砚造型上的细节、特征、各部分的比例、前后层次等都要考虑到，这次勾样与出坯的勾样不同，要求位置准确无误，细节不能过多地省略。在实际制作的过程中，这样的勾画可能会进行多次，切块分面也会多次进行，就其意义而言这是属于花式砚雕刻过程中的二次勾样。

二次勾样完毕后，可以用双面或单面平口刻刀顺着墨线进行琢刻。下刀时要胆大心细，握刀要稳，开始时速度不宜太快和太用力，由浅入深，即使有刻得不合适的地方，也能很方便地进行修改。大面积的地方可以用铲刀来铲刻，运刀时要大胆灵活，顺着墨线铲底分层，由大面积到小面积，刀也由大口刀逐次改为小口刀。刻刀的运用，除了刀口外，还要充分利用刀角、刀尖、刀侧等部位，交替进行铲、切、削、刮、剔等。粗雕的过程是一个不断调整整体与局部的过程，一般应把握先易后难的原则，先雕简单容易的，后雕复杂困难的，这样有利于把握局部与整体的关系，这是一个循环往复的过程。

第五步，精刻。作为花式砚制作的最后阶段，精刻是对精细部位的进一步加工。把花式砚放在圆转盘上，能很轻巧方便地转动到任意位置。所用的刻刀主要是小平刀口、尖刀和圆刀，刀口要锋利。小平刀口和尖刀主要用来雕刻线条，以及对精细部位处理。圆刀有大有小，要视所雕的对象而选用，大圆刀、半圆刀主要用于刻画大片的花瓣、树的叶子、叶子的脉络、竹木枝干的曲折凹凸处等。圆刀的运用，看似平淡却最富变化，刀锋的运行，可以正、侧、逆、反并用，加上运用切、刮、剔、削等技法，一刀下去，不同的刀具部位、不同的运刀方向、不同的深浅力度，都会产生丰富而又微妙变化的效果。雕刻机的运用会起到刻刀所不能达到的效果，利用各种金刚砂小工具，如尖针、钉子、棒球、扎眼、勾铊等，在不同的运转下运用自如，会产生不同的肌理效果。特别是竹木的开裂、虫蛀，树桩的节疤，树皮的开裂，树叶的翻卷虫蛀等，效果逼真，形象生动。

在精雕的整个过程中，要小心收拾，精心整理，也就是最后的修饰，主要解决以前加工时遗留下来的各种不足之处，对不满意处进行最后的修整，直到满意为止。

附：花式砚刻制要诀

大胆构思，合理布局；仔细选料，反复推敲。

石品纹理，石皮色膘，截留取舍，认真揣摩。

下刀肯定，收拾小心；利用巧色，恰到好处。

虚实相间，服从全局；最后修饰，突出主体。

花式砚的雕刻，必须注意从整体出发，照应局部，直至轮廓准确，主体突出，层次分明，线条流畅。

二、打磨工艺

潭柘紫石砚的打磨

一方刚雕琢好的砚，要进行打磨，这是一道不容忽视的工艺，要认真仔细地对待，不能有半点粗心。打磨的目的是使作品平整匀顺，光洁透彻。打磨原则是先易后难，先内后外。打磨步骤：砚堂→砚池→砚底→砚侧。

砚堂打磨。先把油石放入水中，让油石吸足水分。然后在桌上或搁板上铺一块橡皮或毛巾，把砚放在上面，把小块油石放在砚堂中间，由砚堂中间慢慢转圈往外磨，边磨边用水冲掉磨出的浆水，还要不断掉转方向，顺直交错打磨，然后选用有弧度的油石，紧贴砚面与砚壁交接处，顺直推磨。

砚池打磨。砚池打磨可与砚堂打磨同时交错进行，遇到转折与有弧度的地方，要选用不同的油石条仔细均匀地磨。用手指顺着砚池、砚堂、砚壁仔细摸一遍，看是否平整顺滑，各部位是否都磨到，有没有明显的砂磨痕迹。有不到位的地方要重新打磨。

砚底打磨。砚底朝上放置，如琢刻覆手，先要把覆手打磨好，方法同打磨砚池一样，然后再打磨砚底面。用油石紧贴底面，前后来回推磨，用力要均匀，尽可能有较大的接触面，随后改用小块油石，边磨边用水冲刷，顺着底边依次磨到。

砚侧打磨。把砚侧着竖起，改用小油石顺势向一个方向磨，遇到转折处，要紧贴表面，顺着弧面磨到另一侧面，这样弧面过渡才会圆顺。四个侧面全磨到后，再整个检查一遍，看看哪里还有没磨到的地方，是否还有小的爆边缺口。最后用油石顺着尖锐的边角轻轻推磨几下，使边角不要有尖锐生硬的感觉。

最后用水砂纸（400～600号）再整个打磨一遍，水砂纸打磨的基本技法：

平展式 根据需要把砂纸裁成大小不等的方块，平展砂纸用木块衬垫后打磨，适用于磨平顺处，如砚堂、砚底、砚侧等。

折叠式 把砂纸两边对折成三角形，中间包裹竹签，便于握持和增加硬度，适用于磨细小精致的地方，如砚的图案纹样等。

圆筒式 把砂纸卷成圆筒状，适用于磨内凹的部位，如砚池、砚壁的根部等。

磨光工艺程序及评定标准

	油石	油石条	水砂纸 240号	水砂纸 400号	水砂纸 600号	评定标准
砚池	0	0	0	0		平整洁净
砚堂	0	0	0	0		平整顺滑
砚壁	0	0	0	0		平直顺滑
砚手	0	0	0	0	0	平整匀顺
砚底	0			0	0	平正洁润
砚侧	0			0	0	平正光洁
砚边纹样				0	0	顺、透、精、细
花卉瓜果				0		匀顺、清澈
岩石树木				0		苍健、精透
龙凤瑞兽				0	0	精、细、透
人物服饰				0	0	流畅、精细

潭柘紫石砚的磨光技术要点

　　长方砚、正方砚、多边形砚、腰圆砚、圆砚等大多属传统仿古类型，讲究古朴、简洁、浑厚，打磨时应尽量用油石少用水砂纸，油石的作用是能把凹凸不平的被磨表面打磨平整，而水砂纸只能使被磨面更加顺滑、光洁、柔和。规矩砚的打磨应着重各个面的平整，面与面的垂直及过渡得圆顺自然。粒度较粗的油石打磨速度较快但擦痕亦深；粒度较细的油石打磨速度较慢，擦痕亦浅。打磨时先用粗油石，待各部位都磨到磨透，再换细油石精磨。用粗油石打磨完后，要把被打磨的部位用水冲洗干净，以免粗磨时掉下的砂粒会影响到下一步的精磨。最后再用细水砂纸打磨一遍。

三、雕刻风格

　　在潭柘紫石砚的制作过程中，经常采用浮雕、透雕、线刻等工艺技法，一件成功的砚雕作品，往往以某一技法为主并融入其他的技法，至于采用何种方法来表现没有定规，要视石料的质地、形状、要表现的题材和制作者个人的喜好而定。

　　浮雕是一种雕刻的技法，在砚石的平面或弧面上，雕刻人物、动物、山水、花卉、虫鸟、器皿等形象和景物，这些原来是立体的形象和景物被压缩了厚度浓缩在画面里，雕刻者就是利用景象厚度被压缩程度的不同，运用凹凸面的不同层次，受光后所形成的明暗对比和各种透视变化来表现立体感和空间感，从而使浮雕更接近绘画的方式。所以，浮雕是一种介于绘画和圆雕之间的艺术表现形式，在题材的选择、形象的刻画和工艺的技法上形成了自己的特点。

在砚的制作中，由于浮雕强调"平面效果"，一些有场景的故事题材可以在浮雕中得到充分和完美的表现。题材的广泛性和接近绘画的表现方式，使浮雕在砚的制作中有着广泛的用途。根据景象厚度被压缩的不同，浮雕又可以分为薄意雕、浅浮雕和深浮雕三种。

薄意雕 一般是将形象轮廓外的空白处去掉薄薄的一层，使形象略为凸起，在处理内部大结构的轮廓线时，通常处理成凸起的即阳刻的线条，以突出其形体与层次而呈现高低起伏的效果，而细部形象的刻画则用阴刻的线条来表现，虚实相间，轻重有别，具有丰富而微妙的变化效果。

浅浮雕 形象的轮廓用减地法做出，采用先减地以定形象轮廓，后推落以求层次变化的工艺技法。轮廓线平实而朴素，趋向于写实性。所以，对画面的要求较高，一般采用画稿"转印"的方法，将设计画稿用复写纸转印到砚石上，再用刻刀勾勒定稿。浅浮雕形象凸起较高，重在追求立体效果，根据所刻景物的远近关系，刻出深浅不同的变化层次，刻层较深，偏重于写实，几乎每一个细节都要刻画周到，并呈现出较强的高低起伏。细部形象用线刻来表现，增加了画面的起伏效果。

深浮雕　形象的厚度与圆雕几乎相同或略薄一些，形象景物因自身的结构有较强烈的高低起伏，如果不是与形象后面的背景相连，几乎可以当作圆雕来对待。在砚的制作中，深浮雕又常常与薄意雕、浅浮雕一起运用，使前景、中景、远景的空间关系得到充分的表现。

此外，在浮雕的基础上又有线刻和透雕等技法。

线刻　就是用线来表现形象与景物。线刻又可以分为阴刻和阳刻两种，阴刻就是用刻刀刻出沟槽似的线条，有粗细均匀的精细线条，也有粗犷顿挫的变化线条，线低于平面；阳刻，就是用刻刀铲出凸起的棱线，但其最高点与平面一样高。

透雕　又叫镂空雕，是在浅浮雕或深浮雕的基础上，将某些画面以外的空白部位镂空，或层次之间透空，具有很强的立体感，使形象的影像轮廓更加鲜明。

附：潭柘紫石砚雕刻心法

心要定，眼要明。手要准，腰要硬。

根基稳，神气静。辨石相，立意精。

意趣高，夺天工。图样美，尺寸清。

定高低，摸准形。方与圆，规矩定。

阳铲底，阴留平。雕与琢，刀法功。

圆与润，打磨灵。技无止，艺求精。

形神备，大器成。

四、制式

在众多款式的砚中，潭柘紫石砚根据其外形，大致可分为三类，即规矩砚、随形砚和特殊形状砚。

规矩砚又称规格砚、规则砚、常规砚，是指按一定的规格、形状、尺寸对砚台进行切割、整形、雕琢等加工成砚。根据形状和特征，规矩砚又可分为长方砚、正方砚、圆形砚、腰圆形砚、多边形砚等，其主要特征是外形以对称型为主。

随形砚又称自然形砚，是指保持了原石料的自然形状，因形顺势，雕琢成砚；或在自然形状的基础上，略作裁截、稍作整形后加工成砚的。

潭柘紫石砚在生产过程中逐步整理恢复生产的有凤池砚、玉堂砚、玉台砚、蓬莱砚、辟雍砚、房相砚、郎官砚、风字砚、人面砚、曲水砚、八棱砚、四直砚、莲叶砚、马蹄砚、圆池砚、玉环砚、舍人砚、水池砚、太师砚、东坡砚、都堂砚、内相砚、葫芦砚、双履砚、只履砚、月池砚、方池砚、斧形砚、圭砚、鼎砚、院砚、天砚、蟾砚、鳌砚、笏砚、瓢砚、璧砚、箕砚、琴砚、山石砚、山字砚、太极砚、汉壶砚、松段砚。

有关砚的形制记述还有：平底风字、有脚风字、垂裙风字、吉祥风字、凤池四直、吉祥四直、双锦四直、合欢四直、箕样、斧样、瓜样、卵样、璧样、人面、莲、荷叶、仙桃、瓢样、鼎样、玉台、天研、蟾样、龟样、曲水、钟样、笏样、棱样、琴样、鳌样、双鱼样、团样、八棱秉砚、八棱角柄秉砚、竹节秉砚、砖砚、砚板、方相样、琵琶样、腰鼓、马蹄、月池、阮样、歙样、吕样、琴足风字、蓬莱样。

五、题材和传统纹饰

砚的题材和形制十分广泛，《文房肆考》中所列诸砚图有：天保九如、保合太和、凤舞蛟腾、海屋添寿、五岳朝天、龙马负图、太平有象、景星庆云、寿山福海、海天旭日、龙吟虎啸、九重春色、汉朝炉瓶、福自天来、花中君子、龙飞凤舞、三阳开泰、化平天下、德辉双凤、松寿万年、文章刚断、丹凤朝阳、东井砚、结绳砚式、林塘锦、龙门变化、鸠献蟠桃、三星拱照、龙集凤、爱金鹅、锦囊封事、北宋钟砚、开宝晨钟、端方正直、图书呈瑞、五福奉寿、青鸾献寿、寿同日月、布泉池砚、太极仪象、铜雀瓦砚、连篇月露、犀牛望月、回纹观德、井田砚。

潭柘紫石砚规矩砚中的素砚，其砚边不雕琢任何图案纹样，但要求边线平直，转角过渡圆顺，它有三种常见的形式：普通边、指甲边、韭菜边。普通边，表面平坦顺滑，无尖锐棱角毛刺。指甲边，中间成弧状鼓起，犹如人的手指甲，饱满匀称。韭菜边，中间成弧状下凹，像韭菜叶般顺滑挺秀。

这三种不带任何纹饰的砚边形式，给人以简朴明快、端庄素雅的感觉，是十分文气的装饰手段。

在砚上雕琢图案花纹，是潭柘紫石砚的规矩砚常见的装饰手法。潭柘紫石砚的图案花纹通常分为：单独纹样、适合纹样、边饰纹样等。

单独纹样 可以与四周纹样分离，能够独立存在而具有完整感的纹样。一般安排在砚池中或砚池与砚堂的交界处，如淌池卧牛砚，老牛耕耘劳作一天，在池中休憩，别有一番情趣。单独纹样常用吉祥图案，如夔龙、螭龙、瑞兽、河马、海牛、灵芝、仙果、人物等。

适合纹样 将图案纹样在砚面特定的形状内组合，这是砚与纹样的一种组合形式，将砚池和砚堂融合在图案内，既保持砚的磨墨、蓄墨和存水的实用功能，又增加了砚的观赏性。最常见的有圆形、长方形、月牙形等，经常用的是具有一定吉祥寓意的图案纹样，达到"图必有意，意必吉祥"的效果。

边饰纹样 在砚面周边雕刻图案纹样，以增加砚的观赏性，这是一种常用的装饰方法，主要是在普通边和指甲边的基础上来雕刻纹饰的。常见的纹饰有：回纹、水波纹、祥云纹、夔龙纹、宝相花纹、缠枝纹，等等。

六、砚的使用、养护、收藏、传承

一方好砚，要正确地使用，更要十分重视其养护与收藏，方可用之百年，传之千载。"砚成涂蜡，与石相益，便于洗涤，不惹墨渍，初使涂以姜汁，砚即着。"说的是新砚制成，砚体上有用于保护的蜡，在使用前，在砚堂处涂刷姜汁，除去砚堂上的蜡，这样才能在磨墨时着墨。也可以用柳木炭、稻草灰和水磨洗砚堂，即是常说的"发砚"。

使用、养护和收藏

在用砚时，墨在砚上研磨，可按顺时针方向打圈研磨，也可以前后推拉研磨。关键在于墨要笔直立压在砚上，重按轻转，缓慢移动，柔而不疾，气定神闲。所研得的墨汁较细，宜于书画。

着墨使用后的砚台，用毕要仔细清洗，不留宿墨。所谓"宁可三日不洗面，不可一日不洗砚"。砚留宿墨过多，再加水磨成的墨汁，墨色墨光减退，而且宿墨积久，留胶浓厚，会致使运笔不畅，砚台亦失去神采，所以要洗砚。但不可用沸水涤砚，洗后亦不可用毛布废纸揩抹以免损伤砚的锋芒，以防掉下来的微细毛屑纸粉混减墨色。《砚笺》中以为用皂角水先洗，再用清水洗涤为妙。也可以用中药半夏切片软发后擦去积墨，或用丝瓜瓤、莲房等植物纤维洗涤，既可去垢起滞又不伤砚。绝不可以用铁器在砚堂上除污，以免损砚。

不论是着墨实用的砚，还是观赏品鉴收藏之砚，用毕收藏时切忌：不可随手放置于风吹日晒之处，不可用报纸包裹。因为报纸的吸水性强，有损砚石的滋润。藏砚，宜用褪光漆木匣贮藏，紫檀花梨、楠木皆适用，漆匣加盖，护砚防尘，使用保护均便。在用砚玩砚时，应轻拿轻放，不可让砚与金属、瓷器或玻璃器物碰撞，更不可将砚放置于重物下面，以防破损。轻度残损的砚台，除珍稀古砚外，虽可修补，但原砚的神韵、气息均受到了伤损，是十分可惜的。

传承有序

砚从远古的研磨器发展到今天，经过历代能工巧匠的不断探索和创新，由简单实用渐趋精致完美，成为观赏品和收藏品，从而涌现出一批批砚雕大师。砚雕师从见诸文献记载的唐代马驰、马其祥后，传承有序，代有名家，很多砚雕家同时又是砚赏家、砚评家。他们纷纷著书立说，为后人留下了宝贵的砚道文献。

限于篇幅，不能一一详列，择其成就突出者，略表如下：

年代	姓名	称谓
唐	马驰（马二哥）	琢砚名家
唐	马其祥	古端州下黄岗端砚雕刻名家
后晋	李处士	制砚家，见《文房四谱》

年代	姓名	称谓
南唐	李少微	砚务官，见《歙州砚谱》
宋	万道人	制砚家，见《独醒杂志》
宋	梁奕南	端砚名匠
宋	周全	师从李少微，见《歙州砚谱》
辽	李让	西京，善制澄泥砚名家
元	韩文善	善修砚，修有百碎砚，见《闲居录》
元	叶球	制砚名家，见《中国古玩辨伪图说》
明	罗发	肇庆人，端砚制作名师
明	罗澄谦	肇庆人，端砚制作名师
明	叶瓖	婺源人，制砚家，见清《徽州府志》
明	郑长青	歙砚名工匠
清	顾启明	吴门制砚家，顾德麟之子
清	顾二娘	著名琢砚家，《闻见偶录》载，顾启明之妻
清	金殿扬	制砚名家，入清宫为皇室制松花砚
清	王岫君	琢砚名师
清	黄纯甫	制砚匠，善刻云龙砚
清	巴慰祖	制砚、篆刻家，有《百寿图印谱》
清	卢映之	善制漆砂砚，见《养吉斋余录》
清	罗赞	端砚雕刻名家，见《阅微草堂砚谱》
清	高凤翰	歙县县丞，藏、制砚家，见《高凤翰砚史》
近代	陈端友	老一辈著名雕刻家
近代	陈巨来	老一辈制砚家、金石家

年代	姓名	称谓
近代	苗存喜	老一辈洮砚艺人
近代	石长生	老一辈洮砚艺人
现代	黎铿	亚太地区手工艺大师 中国工艺美术大师（端砚）(第二届)
现代	刘克唐	中国工艺美术大师（鲁砚）(第四届)
现代	赵如柏	中国工艺美术大师（漆砂砚）(第四届)
现代	张庆明	中国工艺美术大师（端砚）(第五届)
现代	王祖伟	中国工艺美术大师（歙砚）(第五届)
现代	张向东	中国工艺美术大师（贺兰砚）(第五届)
现代	罗海	中国工艺美术大师（端砚）(第六届)
现代	梁佩阳	中国工艺美术大师（端砚）(第六届)
现代	甘尔可	中国工艺美术大师（漆器）(第六届)
现代	石飚	中国工艺美术大师（贺兰砚）(第六届)
现代	曹加勇	中国工艺美术大师（苴却砚）(第六届)
现代	刘演良	广东省工艺美术大师、高级工艺美术师（端砚）
现代	丁伟鸣	海派砚刻第四代传人、砚雕名家
现代	方见尘	民间工艺美术大师（歙砚），见《歙砚新考》
现代	胡中泰	江西省工艺美术大师、高级工艺美术师，见《歙砚新考》
现代	王玉明	甘肃省工艺美术大师（洮砚）
现代	张建才	甘肃省工艺美术大师（洮砚）
现代	马万荣	甘肃省工艺美术大师（洮砚）

年代	姓名	称谓
现代	永茂	山西省工艺美术大师（绛州澄泥砚）
现代	张书碧	河南省工艺美术大师、省级非物质文化遗产传承人（天坛盘古砚）
现代	李中献	河南省工艺美术大师（虢州澄泥砚）
现代	石可	"鲁砚说"创始人，有《鲁砚》《鲁砚谱》专著
现代	姜书璞	山东省工艺美术大师（鲁砚）
现代	刘希斌	山东省工艺美术大师（红丝砚）
现代	李东海	河北省工艺美术大师
现代	邹宏利	国家级非物质文化遗产代表性传承人、高级工艺美术师、河北省工艺美术大师（易水砚）
现代	张涤新	吉林省工艺美术大师（松花砚）
现代	刘祖林	吉林省工艺美术大师（松花砚）
现代	冯军	辽宁省砚雕鉴赏工艺大师，见《砚叔》
现代	罗伟先	四川省工艺美术大师（苴却砚）
现代	俞飞鹏	四川省工艺美术大师（苴却砚）
现代	闫森林	宁夏一级工艺美术大师（贺兰砚）
现代	张小平	贵州雕刻家（思州砚）
现代	江华基	中国石艺美术大师（石城砚）

第四章　砚　事

随着历史的发展，砚已不仅是实用工具了，它是融实用、观赏和把玩为一体的工艺美术品了；并且随着实用功能的减弱，观赏功能在逐步提升，它也成为收藏家收藏的新亮点。自古文人雅士便热衷于收藏砚，他们以藏砚、赏砚、斗砚为乐事，或刻铭，或赋诗填词，或论述，或辑录成砚谱，使砚史佳话不断，为砚的发展做出了巨大的贡献！

砚文化以砚为中心，逐步深化为器之学，器之道，它辐射很广，颇有深度，有其自身的特点，是一门专门的学科了。它传承有序，名家辈出，论述丰富，值得大家深入研究。

一、砚雕的流派

砚雕流派，即砚雕风格的集中体现。所谓砚雕风格就是砚刻内容、砚刻形式和雕刻手法结合所产生的艺术特征。是制砚人的地理环境、人文环境、本身的文化修养、思想情操的集中体现。在中华砚雕史上，风格独特、影响深远的流派主要有以下几种。

粤派　也称广作。广东端砚雕刻艺术风格的统称。形成于清初，主要特征是侧重雕工，以线雕、浅浮雕、深雕为主，辅以透雕和镂空等手法。构图饱满，富丽堂皇，细致入微。

徽派　广泛流行于古徽州，即今安徽歙县、江西婺源及附近地区。以歙砚为代表，见于明末，清初趋于成熟。主要特征是注重创意和文化内涵，巧用石之纹色和肌理，构思大胆奇特，以线雕、浅浮雕为主。器型多样，变瑕为美，雅洁端庄。

苏派　又称吴门派，流行于江苏省苏州市一带。特点是因石赋形，因材施艺。以原石为基础，略加雕刻，层次分明，形象生动。

海派　产生并流行于上海一带，由苏派发展而来。特点是用写实手法刻化鸟虫鱼及器物，精细传神，甚至可以乱真。

文人派　指由文人亲自设计并雕琢而成，或由文人设计砚工雕琢而成的砚。所以无法以地理位置命名。特点是追求简洁、自然、质朴，文气十足，天人合一。纹饰以铭文为主，言志抒怀。

宫廷派（又称宫作）　产生于清宫造办处，融合诸流派而集大成，给人以威严、端庄、华美、富贵之感。特点是雅、秀、精、巧，浑穆瑰丽，大气雄奇，北京砚雕即秉承于此。

二、砚拓

砚拓是将砚的形状、大小、纹饰等拓印到纸上的传统方法。

在照相机产生以前，人们常用拓印法保留器物的形象。碑拓已为大众所熟知，习书者必备的碑帖，如《九成宫》《多宝塔》《淳化阁帖》《大观贴》等，便是靠拓本传世的。砚拓历史悠久，技法精湛，为名砚的传承发挥了巨大的作用，从传世砚谱可窥一斑。

材料和工具

宣纸　常用生宣，以质地薄而有韧性为上。

墨　要用好的油烟墨或高级书画墨，量大可直接用墨汁。

白芨水　用白芨泡水，使水具有一定的黏性，防止捶拓时脱落。也可用少许糨糊调成糨糊水，注意黏性不可过大。

拓包　大小各一，也可以自己制作。将脱脂棉裹上薄塑料纸，绑紧成蒜头状，外衬三四层生宣纸或硬质薄毡，外面再裹以细密的绸布即成。

棕刷　常用棕树皮捆成，故名。要软硬适中，头部平齐。

刷子　大小各一，多用羊毛刷。或底纹笔亦可。

方法

1.先将要拓的砚表面擦拭干净，置于厚毛巾上，使其平稳防震不移动。

2.把裁好的宣纸（尺寸比砚台稍大些）平放在桌面上，用刷子刷上白芨水，力求均匀。然后揭起覆于砚上（刷涂面对着砚台），用干刷仔细排刷，从中间向四周，排除空气，使宣纸平实贴于砚面。

3.再用宣纸吸去多余的水分，随后放上薄塑料纸，用棕刷轻轻拍打，务求宣纸与砚面一体，砚面的文字和图案纤毫毕现。

4.将拓包蘸匀墨汁，再和另一拓包拍打几下，使墨薄匀。然后从四周空白处开始拓拍，渐渐向中心拓过去，用力要均匀。不要一次蘸墨太多，不可一次求成，有时需要拓印几遍。

5.拓完后，要小心揭下，不要撕破。不易揭时，要边用嘴呵气边揭，便会轻松揭下。

6.最后把拓片夹在书内压平或托裱，一幅漂亮的砚拓作品就完成了。

三、砚的包装

产品的包装至关重要。好砚的包装更是必不可少，可以彰显砚的华丽、名贵。砚用盒装方便实用，以木质为上，前人多称作砚椟、砚匣，便于防尘和保护砚台。精美的砚盒本身也是一件艺术品。砚盒常用的有两种：一种是锦盒，多为纸质或纤维板，坚固性较差，不太适合名贵的砚。另一种是木盒，美观坚固，非常实用。名贵硬木类有紫檀、酸枝、绿檀、楠木等。木盒上常雕花刻铭，使砚盒更具观赏性。金属盒虽名贵，但其硬度远大于砚，所以容易伤砚，不太适用。

四、砚边拾趣

古之文人有砚，犹如美人有镜，故历代文人对砚如痴如醉，此中佳话不断。限于篇幅，略述几例，与大家分享。

李白得砚惹诗兴

"李白斗酒诗百篇，长安市上酒家眠。"大诗人李白天性浪漫、好饮、喜郊游，其诗更是千古传诵。一次他游历歙县喜得歙砚，兴奋不已。当晚泛舟江上，意犹未尽，遂诗兴大发，立即用新得宝砚研磨，展纸挥毫，一挥而就，字字珠玑，真不愧为一代"诗仙"也！

李煜被俘不忘持砚

"问君能有几多愁，恰似一江春水向东流。"此为南唐后主李煜之名句，广为传颂。李煜书画之余，喜欢赏砚，所藏甚丰。做了俘虏之后，万念俱灰，什么珠宝玉器都不要了，唯独携带一方歙砚，朝夕抚摩，日夜不离身。俨然视砚为知己，随时倾诉着内心深处的苦闷。

苏轼以剑易砚，以砚殉葬

"大江东去，浪淘尽，千古风流人物。"一代文豪苏轼文学成就卓著，位列"唐宋八大家"。更以《黄州寒食诗帖》名震书坛，位居"宋四家"之首。

苏轼（1037—1101年），字子瞻，号东坡居士。虽一生坎坷，仕途不得志，却丝毫不影响他爱砚和藏砚。一次于友人家中见"龙尾子石砚"，爱不释手，便以祖传宝剑交换，毫不犹豫。曾向米芾索要紫金砚，临终前一再叮嘱儿子，百年后一定将它陪葬，足见其对砚的痴迷。

米芾爱砚成癖

米芾（1051—1107年），字元章，号襄阳漫士。米芾每得宝砚，便会朝夕抚摩把玩，常常拥砚而眠。大家爱其痴癫，称其为"米癫"。米芾爱砚成癖，连皇帝的御用砚亦敢索要。一次宋徽宗命他书一大屏，书毕龙颜大悦，米芾竟请求皇帝把砚赐给他。如愿后他手舞足蹈，忘记自己身在金銮殿，以致墨染衣袖。

李时珍妙手获砚

李时珍（1518—1593年），字东壁，号濒湖山人，医界圣手，誉满天下。历时27年著《本草纲目》。一日在黄山采百草，遇一农妇中了蛇毒，奄奄一息。他赶紧打开药箱，将自己研制的解毒药敷在伤口处，药到毒消，不愧是名医。农妇清醒后拜请他去家中医治病重的公公和婆婆，久病的公婆康复后，家贫无以为报，为表达全家的感激之情，他们便将家传宝砚"黄龙戏珠砚"赠给了李时珍。

纪晓岚辑砚谱

纪昀（1724—1805 年），字晓岚，晚号石云，著述颇多。他奉敕编纂《四库全书》，尽心竭力，影响深远。他才思敏捷，谈笑间妙语连珠。传世联语甚多，鲁迅先生甚为服膺，叹为奇才。文人无不爱砚，纪大才子堪称收藏大家。挥毫之余，他将自己所藏之砚辑成《阅微草堂砚谱》，至今仍为砚界所重。

毛泽东收砚

一代伟人毛泽东（1893—1976 年），字润之，笔名子任。毛泽东不仅是伟大的政治家、军事家，更是卓越的诗人和书法家。繁忙的政务之余，不辍读书和写字。他一生清廉，无论政府还是个人赠送的礼物基本是上交国库。但有趣的是毛泽东收下了这样的礼品——砚台：书画巨匠齐白石是毛泽东的同乡，白石老人曾将自己收藏多年的端砚送给毛泽东，毛泽东格外青睐，欣然留下。一来作为纪念，二来方便使用。一时传为佳话。

五、砚谱

苏易简《文房四谱·砚谱》

该著对砚的源流、制造、逸闻、题记等都做了详细介绍，也是对砚史的总结，煞费苦心。遴选几条，供大家研读。

今歙州之山有石，俗谓之龙尾石。匠铸之砚，其色黑，亚于端。若得其石心，见巧匠就而琢之，贮水之处圆转如涡旋，可爱矣。

西域无纸笔，但有墨。彼人以墨磨之甚浓，以瓦合或竹节，即其砚也。

刘禹锡《唐秀才赠端州紫石砚，以诗答之》：端州石砚人间重，赠我因知正草玄。阙里庙堂空旧物，开方灶下岂天然。玉蟾吐水霞光静，彩翰摇风绛锦鲜。此日佣工记名姓，因君数到墨池前。

欧阳修《砚谱》选录

青州紫金石，文理粗，亦不发墨，惟京东人用之。又有铁砚，制作颇精，然患其不发墨，往往函端石于其中，人亦罕用。惟研筒便于提携，官曹往往持之以自从尔。

纪昀《阅微草堂砚谱》

收砚 126 方，原书图文皆拓片，独步当时。

钦定《西清砚谱》

乾隆四十三年（1778年）敕编，详之二十四卷，目录一卷，读者可自行找原著来读，定会受益匪浅。

六、砚论

宋·苏轼《东坡题跋》论砚摘录

砚之发墨者必费笔，不费笔则退墨，二德难兼，非独砚也。大字难结密，小字常局促；真书患不放，草书苦无法；茶苦患不美，酒美患不辣。万事无不然，可一大笑也。

元·吾丘衍《闲居录》摘录

铜雀瓦砚，可比端石。及观古墓汉砖，与今世砖无异，则知古人砖瓦之土剂，不可同也。

韩风子善修砚，有百碎砚，但不失元屑，修之若无损者。亦善修古铜器，惟砚为绝精。

《居家必用事类全集》摘录

洗砚不得使热汤，亦不得用毡片、故纸，惟以莲房枯炭洗之最佳。端溪自有洗砚石，或挼皂角水洗之，亦得。

清·纪晓岚《阅微草堂砚谱》摘录

（绿端石砚铭）端溪绿石，砚谱不以为上品，此自宋代之论耳，若此砚者，岂新坑紫石所及耶。

（随形砚铭）《丽人行》有"肌理细腻骨肉匀"句，余谓可移以品砚。石庵论砚专尚骨，听涛、冶亭专尚肉，余皆谓然，亦皆不谓然。偶得此砚，因书其背。

近代·沈汝瑾《沈氏砚林》摘录

（和轩氏紫云砚铭）紫云凝九渊，淋漓气常湿。裁割置蕉窗，犹疑风雨集。眼底见西江，何足当一吸。有时试挥毫，墨法八荒入。

七、砚铭

李白《殷十一赠栗冈砚》

殷侯三玄士，赠我栗冈砚。洒染中山毫，光映吴门练。天寒水不冻，日用心不倦。携此临墨池，还如对君面。

苏轼《题从星砚》

月之从星，时则风雨。汪洋翰墨，将此是似。黑云浮空，漫不见天。风起云移，星月凛然。

苏轼《孔毅甫凤咮石砚铭》

如乐之和，如金之坚，如玉之有润，如舌之有泉。

岳飞《端砚铭》

持坚守白，不磷不缁。

徐渭《题云龙砚》

端石之佳，生于水涯。温腻为玉，斯乃然也。翩翩公子，弄笔生花。

谭嗣同《菊花石瘦梦砚铭》

霜中影，迷离见，梦留痕，石一片。

八、砚诗

论砚诗丰富多彩，代不乏人。一方佳砚，赏者歌之、咏之，乐在其中。略选几首，与大家共赏。

宋代名相王安石《相州古瓦砚》

吹尽西陵歌舞尘，当时屋瓦始称珍。

甄陶往往成今手，尚托声名动世人。

宋代大文豪苏轼《次韵和子由欲得骊山澄泥砚》

举世争称邺瓦坚，一枚不换百金颁。

岂知好事王夫子，自采临潼绣岭山。

经火尚含泉脉暖，吊秦应有泪痕潸。

封题寄去吾无用，近日从戎拟学班。

金代元好问《赋泽人郭唐臣所藏山谷洮石砚》

旧闻鹦鹉曾化石，不数鸊鹈能莹刀。

县官岁费六百万，才得此砚来临洮。

玄云肤寸天下遍，璧水直上文星高。

辞翰今谁江夏笔，三钱无用试鸡毛。

金代礼部侍郎冯延登咏洮砚诗

鹦鹉洲前抱石归，琢来犹自带清辉。

芸窗尽日无人到，坐看玄云吐翠微。

清代计楠题小葫芦砚诗

琢成一葫芦，挂之于杖上。

绝不露圭角，尔我皆依样。

清代朱彝尊咏哥窑瓷砚诗

丛台澄泥邺宫瓦，未若哥窑古而雅。

绿如春波停不泻，以石为之出其下。

近代寄禅法师咏端砚诗

奇哉一片石，价抵连城重。

久毓端溪灵，曾补绿天空。

烟云既氤氲，龙蛇亦飞踪。

不知仓颉前，此物将焉用。

赵朴初咏松花砚诗

色欺洮石风漪绿，神夺松花江水寒。

重见云天供割踏，会看墨海壮波澜。

赵朴初咏潭柘紫石砚诗

今朝喜见潭柘紫，光润猪肝极相似。

更惊巧手戏鲤鱼，莲叶田田宜作字。

启功咏潭柘紫石砚诗

巧斫燕山骨，名标潭柘寺。

发墨最宜书，日写千万字。

九、砚的价值

砚因实用而产生，是古代读书人每天都离不开的，乃读书登科取仕所必备。后来砚逐渐演变为实用与观赏并重的艺术品。其价值主要有以下几方面。

实用价值

砚的主要功能是研墨。后逐步演变成以实用为主，欣赏为辅，进而欣赏实用并重。实用是砚的最突出的特点和价值，是砚的灵魂所在。

观赏价值

雕琢精美的砚本身就是一件艺术品。闲时观赏把玩，便是与砚的对话交流。其构思的巧妙，材料的精美，设计的匠心，雕琢的神功……无论人物、飞禽、走兽，皆呼之欲出，令人陶醉其间，凡尘琐事顿时抛之九霄。故有赏心悦目、益寿延年之效。

文化价值

砚从早期的粗糙质朴，到后来的繁缛富丽，凝聚了数代砚工的巧思和巧技。不同历史时期的砚会体现出不同的文化特征。其形制、图案，尤其铭文都是当时文化、风俗的缩影。对砚文化的研究是对历史文化研究的有益补充。

十、砚的收藏与投资

近些年来，随着拍卖行业的如火如荼，砚的收藏价值越来越受到大家的认可，拍卖价格逐渐攀升，以"西泠印社历年砚台拍卖行情表"为例，见下表。

拍卖时间	数量	成交量	成交率（%）	总成交价（万元）	最高价（万元/方）	平均价（万元/方）
2007 年春	117	115	98.29	1832	96.8	16
2007 年秋	108	85	78.7	1275	100.8	15
2008 年春	92	64	70	584.7	67.2	9.1
2008 年秋	84	65	77.38	334.8	39.2	5.2
2009 年春	68	57	84	249.5	33.6	4.3
2009 年秋	98	94	96.8	1419.9	548.8	14.5
2010 年春	79	79	100	1121.9	235.2	14.2
2010 年秋	83	82	98.8	1466.4	246.4	17.8

其中缘由，试述如下：

砚石形成年代久远。砚石是经亿万年才形成，并且是不可再生资源，端石形成约在4亿年前，歙石约10亿年前，潭柘紫石算是年轻的了，它的形成也有两亿多年了，所以弥足珍贵。难怪宋代大书法家蔡襄把歙砚比作和氏璧呢！其诗曰："玉质纯苍理致精，锋芒都尽墨无声；相如闻道还持去，肯要秦人十五城。"

位列文房四宝之首。笔墨纸砚向来被称为文房四宝，而砚又因其功用位列文房四宝之首。在墨汁产生以前，砚是文房必备，离开了砚，书画便无从谈起了。

成为国礼珍品。砚在古代被皇家列为贡砚和赐砚，如今它成了我们国家领导人出访馈赠外国元首的国礼珍品。1978年邓小平访日，将砚作为国礼送给日本首相；1984年胡耀邦访朝，将砚赠给金日成主席；1997年李鹏访日，将砚赠给明仁天皇；2008年胡锦涛访日，将砚送给首相福田康夫。

当然，砚的收藏价值也和其他因素有关，除了名石、名品、名工之外，还和名家题铭、刻铭、名人收藏有很大关系。如2010年春拍，北京保利拍卖的一方澄泥虎符砚，创造了砚之拍卖史上的最高纪录，成交价1400多万元，就是因为乾隆御用的光环。以下是近年已拍卖的几种清代其他砚的价格行情，可供参考。

拍卖机构	拍卖时间	拍品年代	拍品名称	成交价格（万元）
北京保利	2009 年秋	乾隆	石渠仿古御题诗砚	50.6
			松花石螭龙纹砚	50.4
西泠印社	2009 年	清末	吴昌硕铭、沈石友藏石破天惊砚	235
北京保利	2010 年	道光	梁振馨刻、阮元铭端石巧雕砚	39.2
中国嘉德	2010 年	康熙	御制松花石龙马砚	425.6
西泠印社	2012 年	乾隆	纪晓岚铭紫云砚	586.5

其他价值不菲的历史名砚拍卖价如下：

乾隆歙石仿古六砚：828 万元；

康熙御铭凤纹松花石砚：529 万元；

吴昌硕铭、沈石友藏钟形端砚：368 万元；

乾隆御铭仿宋天成风字澄泥砚：333.5 万元；

乾隆松花石灵芝纹砚：285.8 万元；

宋米芾铭端石蜗牛纹砚：246.4 万元；

吴昌硕、沈石友、萧蜕铭夔龙端砚：246.4 万元；

紫檀嵌银丝鱼藻纹砚：224 万元；

元至桂馥铭大龙尾砚：155.25 万元；

瞿子冶制雪竹绿端砚：43.7 万元；

吴昌硕铭、沈石友藏填海补天端砚：184 万元；

天然魁星影石小砚：80.5 万元；

宋杨诚斋砚：69 万元；

清康熙松花石苍龙教子砚：345 万元；

康熙御制松花石凤池砚：230 万元。

还有很多，限于篇幅，就不一一列举了。当代名家砚的拍卖价也在逐步飙升，2004 年黎铿的《中华九龙宝砚》拍出 200 万元，2013 年王耀的龙尾砚拍出 200 万元，真是令人鼓舞啊！在当今的拍卖市场上，砚这种拥有悠久历史和独特文化内涵的收藏精品，正在经历一场轰轰烈烈的价值重估运动。从当初的不入拍，到现在的屡创新高，其收藏价值和投资价值正在不断体现。

砚以其性质坚固、可传百世而不朽，并且集雕刻、绘画、书法、篆刻、文学等为一身，颇受文人墨客和收藏家的青睐。

书画藏品受潮易腐发霉，木器易朽，金属易氧化生锈，相比这些藏品，砚的优势是显而易见的。很多藏品的价值受年代的长短影响，但砚却非常独特，决定其价值高低的因素有三点：

一是砚材。老坑、名品的砚石是决定其身价的根本。

二是雕工。高雅的创意设计、精湛的雕刻技艺会使砚神韵倍增。

三是铭文。好砚配上好诗文、好书、好画、好印，何其妙哉！如果砚主官高爵显，或为艺坛巨擘，则年代越久价值越大。

随着中国经济的迅速发展和传统文化的回归，砚界正在形成一股巨大的推动力，使砚的拍卖形势蒸蒸日上。我国国力日渐强盛，东方文化艺术品和国宝回流的现象也日益增多。2001 年拍卖市场，回流文物占 25%，2002 年春拍，回流文物多达 60% 以上。也有有实力的企业家、经济人、收藏家纷纷走出国门，参加西方大拍卖公司的竞拍，把中华瑰宝捧回祖国，令人钦敬！所以说现在是砚投资的大好时机，不容错过。

中华砚文化，博大精深。收藏砚，要把实践和理论完美结合，缺一便不能称为"藏砚家"，其大要如下：

高品格。要谦虚谨慎，永不自矜。须知天外有天，人外有人。

精鉴赏。眼要像火眼金睛一样，一眼望去，真赝立现。

富资金。没有雄厚的资金做支撑，会常有隔河望金之憾。

要果敢。遇到精品，不可犹豫，要果断出手，有破釜沉舟的魄力。

意志坚。闻风而动，不惜多次追踪，百折不挠，不达目的不罢休的毅力。

贵有恒。收藏绝不是头脑一热，心血来潮，要持之以恒，几十年如一日。

扬国粹。弘扬中华砚文化，是每一个藏砚家的最高境界和目标。

具备了这些素质条件，您便可以徜徉藏海，乐在其中了！

第五章　砚　赏

潭柘紫石砚的砚艺作品一般分为仿古砚、创意砚、花式砚、随形砚、民俗砚和文房摆件六大类。这种分类并不绝对，有的是指砚式造型，有的是指雕刻题材，有的是指作品用途。实际上，六类作品在砚艺上都有相同相通之处，互相涵盖，只不过是某一类里的某些特质更为突出罢了。

一、仿古砚

仿古砚，一般指利用古人创作的砚式进行仿制的砚艺作品，具有中规中矩和古色古香的特点。仿古砚的制作，是古代砚艺传承的重要手段，需要作者充分了解古人的创作意图而施展砚艺，以期达到惟妙惟肖的效果。潭柘紫石砚的仿古砚，有其自身的特点：一是材料上尽量使用潭柘紫石；二是制作上极为精细，尽显皇家气派；三是多为成套，包装精美，适合收藏和鉴赏；四是以仿制《西清砚谱》《纪晓岚砚谱》等名品砚为制作主线。

1. 仿《西清砚谱》宁寿宫古砚（六件套）

仿汉未央砖海天初月砚　　仿汉石渠阁瓦砚

仿唐八棱澄泥砚　　仿宋玉兔朝元砚

仿宋德寿殿犀纹砚　　仿宋天成风字砚

赏析

六件古砚的形制、铭文全部来自清代《西清砚谱》卷二十四，原件藏于故宫宁寿宫。现由高级雕刻师选用老坑潭柘紫石，一丝不苟地精心仿制出来，惟妙惟肖，古雅可爱。砚台的铭文知识含量丰富，书法高妙，特别适合高雅之士收藏和鉴赏。

宁寿宫在紫禁城内的外东路，仿乾清宫的规制，是乾隆皇帝为自己退位之后准备的太上皇宫殿，现为故宫博物院文物陈列室。此六件古砚的原件曾藏于宁寿宫，且件件有乾隆皇帝铭文，可见被乾隆皇帝视为珍宝。

仿汉未央砖海天初月砚

海天初月砚正面　　　　　海天初月砚背面

长 14.3 厘米，宽 9.4 厘米，厚 2.5 厘米。椭圆形，紫色。砚面光素平整，砚池作弦月形，犹如海月初升之状。背刻乾隆御制铭文。砚首刻"仿汉未央砖海天初月砚"十字，因此得名。

仿汉石渠阁瓦砚

石渠阁瓦砚正面　　　　　石渠阁瓦砚背面

长 14.4 厘米，宽 8.2 厘米，厚 3 厘米。紫色。长方覆瓦形，穹起。受墨处圆如满月，上刻乾隆御制铭文。砚首刻"仿汉石渠阁瓦砚"楷书七字，因此得名。

仿唐八棱澄泥砚

长 9.6 厘米，宽 9.6 厘米，厚 2.6 厘米。紫色，砚作八棱形，砚堂成圆形，周环凹下成渠为墨池。渠外沿浮雕波涛、飞鱼、海马，内外各以弦纹相围。砚背平整，刻乾隆御制铭文。砚首壁刻"仿唐八棱澄泥砚"楷书七字，因此得名。

八棱砚正面　　　　　　八棱砚背面

仿宋玉兔朝元砚

直径 10.4 厘米，厚 1.8 厘米。紫褐色。砚作圆形，以弦纹相围而成砚堂，无墨池。砚首壁侧刻"仿宋玉兔朝元砚"楷书七字，因此得名。砚背刻一轮明月，月中刻一兔回首望月。周边刻乾隆御制铭文。

玉兔朝元砚正面　　　　玉兔朝元砚背面

仿宋德寿殿犀纹砚

犀纹砚正面　　　　　犀纹砚背面

长 13.5 厘米，宽 7.4 厘米，厚 2.5 厘米。紫色。砚作长方形，砚面雕成瓶式，周环浅浮雕水草纹，瓶腹为砚堂，瓶口凹下为墨池。砚背平整，背刻乾隆御制铭文。砚首壁刻"仿宋德寿殿犀纹砚"楷书八字，因此得名。

仿宋天成风字砚

风字砚正面　　　　　风字砚背面

长 11.6 厘米，宽 10.5 厘米，厚 1.7 厘米。风字式，紫褐色，平板状。正面上方开偃月形砚池，背刻乾隆御制铭文。砚首侧刻"仿宋天成风字砚"七字，因此得名。清代最著名的文人之一纪晓岚，曾得到皇帝赏赐此砚，他嘱咐"子子孙孙，世保用之"。

2. 阅微草堂六藏砚

阅微草堂，位于北京市珠市口西大街 241 号，属市级文物保护单位。原为雍正时期兵部尚书岳钟琪的住宅。后来，纪晓岚命名为阅微草堂并居住 62 年。纪晓岚，清代最著名的文人之一，曾参与《四库全书》的编辑。他一生爱砚藏砚，在阅微草堂内建立了"九十九砚斋"。阅微草堂六藏砚为仿汉砖砚、饕餮夔纹砚、甘林瓦当砚、合浦还珠砚、鼓形抄手砚、迦陵故砚，精选自《阅微草堂砚谱》，原砚为纪晓岚荣辱与共的石友。此六砚采用老坑潭柘紫石，经过雕刻大师的精心仿制，赏心悦目，文化品位极高，极具收藏价值。

仿汉砖砚

仿汉砖砚正面

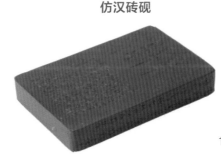

仿汉砖砚背面

规 格——长 16 厘米，宽 10.5 厘米，厚 2.5 厘米

材质——老坑潭柘紫玉石

赏析

来自《阅微草堂砚谱》，长方式，紫色。正面刻石渠式砚堂和砚池，边有环带纹，砚堂顶部有铭文。砚背平正，刻三组铭文。砚左右两侧均有铭文。因砚形仿汉砖，且铭文内有"以摹汉砖"四字，因此得名。铭文记载原砚为名人所制、名人所得、名人所藏。

饕餮夔纹砚

规格——长 15.5 厘米，宽 10.2 厘米，厚 2 厘米

材质——老坑潭柘紫玉石

赏析

不规则椭圆形，紫色。砚堂平正微凹，弦纹环绕。上端作池塘式砚池，饕餮夔纹围绕砚池。砚体斜削砚背，砚背平正无纹饰，中心刻纪晓岚行书体铭文。因砚体正面突出饕餮夔纹，因此得名。

甘林瓦当砚

甘林瓦当砚正面　　　　　甘林瓦当砚背面

规格——直径 12 厘米，厚 2 厘米

材质——老坑潭柘紫玉石

赏析

来自《阅微草堂砚谱》，圆盘式，紫色。正面受墨处微凹，斜连上方砚池，砚池内外刻云雷纹。背部作汉代瓦当外形，中线两条，把背部分为两块，分别刻大篆体"甘林"二字铭文。因砚体形状和铭文得名。

合浦还珠砚

合浦还珠砚正面　　　　　合浦还珠砚背面

规格——长 13.5 厘米，宽 10 厘米，厚 2 厘米

材质——老坑潭柘紫玉石

赏析

　　略仿蚌壳形，紫色。正面砚堂作汉代耳杯形，环绕石渠为砚池。边框和砚堂两侧刻云雷纹。菱形底部刻纪晓岚制行书体铭文。因底部铭文有"合浦还珠"四字，故名。铭文记载原砚为纪晓岚使用，失去后又偶然买回，事情与合浦还珠的典故暗合。

鼓形抄手砚

鼓形抄手砚正面　　　　　鼓形抄手砚背面

规格——长 13 厘米，宽 7.5 厘米，厚 2 厘米

材质——老坑潭柘紫玉石

赏析

　　腰鼓形，紫色。正面受墨处微凹，平正，斜连砚池，边框光素。覆手平正，抄手离地 2 厘米，斜上。砚侧刻纪晓岚制铭文。砚以形制得名。

迦陵故砚

规格——长 16 厘米，宽 11 厘米，厚 2 厘米

材质——老坑潭柘紫玉石

赏析

　　古钟造型，紫色。正面开门字砚池，背刻纪晓岚嘉庆年间撰写的铭文。因铭文内有"此迦陵先生之故砚"等字得名。

3. 石鼓砚（仿乾隆 10 件组）

规格——直径 12 厘米，高 4 厘米

材质——老坑潭柘紫玉石

赏析

仿清代砚，整体石鼓形状，以鼓面为砚池，并刻写铭文，底部刻写石鼓文，古朴雅致。石鼓，中国九大镇国之宝之一，被康有为誉为"中华第一古物"。原是十只刻有文字的石墩，刻于先秦时期，627年发现于陕西宝鸡的荒野，现保存在北京故宫博物院石鼓馆（位于珍宝馆内）。唐人韦应物和韩愈的《石鼓歌》都认为是周宣王时期的刻石。宋人欧阳修也认为属周宣王时史籀所作。十只石鼓上都刻有文字，数字不等，共700多个，每个字有两寸见方，当时的金石学家没有见过这种字体，后来认定这是介于甲骨文和小篆之间的大篆，被称为石鼓文。石鼓文是大篆流传后世，保存比较完整且字数较多的书迹之一，是中国现存最早的石刻文字，历代都极受重视。据唐兰的考证，石鼓上的文字是十首一组的史诗，记述了周王太史来秦宫与王出游的故事。根据鼓身上的文字分别命名为：作原、而师、马荐、吾水、吴人、吾车、汧沔、田车、銮车、霝雨。

4. 项元汴东井砚

规格——长9.6厘米，宽6.6厘米，厚1.7厘米

材质——老坑潭柘紫玉石

赏析

见《西清砚谱》卷十五。

砚式上模仿苏东坡的东井砚。椭圆式。砚长二寸九分，中宽二寸，厚五分，下为凤足二。原砚有铭文、款识和印文。砚背镌"东井"二字，左镌"项墨林"三字，右镌"天籁阁"三字。

原砚为明代项元汴天籁阁中藏品。

5. 福纹汉瓦砚

    规格——长 19.5 厘米，宽 12 厘米，厚 4.5 厘米

    材质——老坑潭柘紫玉石

赏析

    长方形古代板瓦造型，紫色。砚中心开门字形砚堂和砚池，顶部刻吉祥福纹。砚背素面。此砚造型古朴雅致，布局简洁舒展，材质优异且打磨精细，寓意美好，堪称上品，适于名人收藏。

6. 海天旭日砚

    规格——长 25 厘米，宽 20 厘米，厚 2.5 厘米

    材质——老坑潭柘紫玉石

赏析

    不规则长方形。此砚为宫廷御砚复制品之一，曾在大清皇帝乾隆书案中陈列，寓海天相连之间，一轮红日初升、霞光万道、普照大地、万物复苏、皇恩浩荡、盛世祥和之意。

7. 大清容德砚

　　规格——长 14.5 厘米，宽 10 厘米，厚 3.5 厘米

　　材质——老坑潭柘紫玉石

赏析

　　清《西清砚谱》上有此砚造型。长方形，紫色。砚匣和砚台三件套。长方形砚池，砚池上方雕刻"容德"二字。砚盖刻镜子面，周围有装饰纹饰。砚匣底素面。此砚以"容德"励志，警示君子要比德如玉。此砚规矩古朴，纹饰简洁，以君子佩玉励志，古雅可爱，适合作为礼品给喜爱玉文化和宫廷文化的人收藏使用。

8. 苍雪庵凤池砚

　　规格——长 14.9 厘米，宽 9.9 厘米，厚 2.6 厘米

　　材质——老坑潭柘紫玉石

赏析

　　见《西清砚谱》卷十五。

　　砚长四寸五分，上宽二寸五分，下宽三寸许，为凤池式，厚八分。砚面斜入墨池，池深五分许。原砚有铭文、款识和印文。左侧镌"苍雪庵宝用"五字；末有"定庵志沈容篆"六字；砚背有"甲子春云卿铭仲玉隶并刻"十一字，下有"真赏"二字长方印一。

　　原砚为莫云卿等人所制，而经苍雪僧人收藏。

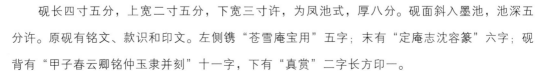

9. 仿唐菱花镜砚

规格——直径 15 厘米，厚 3.5 厘米

材质——老坑潭柘紫玉石

赏析

古镜造型，绛紫色。砚堂和砚池开在中心位置，外缘为菱花，底部三足。唐代时，镜子多用铜制，菱花成为镜子的代称。唐诗"妆镜菱花暗，愁眉柳叶嚬""匣中纵有菱花镜，羞对单于照旧颜""铸镜广陵市，菱花匣中发。夙昔尝许人，镜成人已没"，都是对镜抒怀的佳作。此砚造型古朴，制作规矩，为砚中佳品。

10. 大清御用方砚（双龙）

规格——长 14.5 厘米，宽 10.5厘米，厚 3.5 厘米

材质——老坑潭柘紫玉石

赏析

该砚在 2014 年全国文房四宝展会上获得金奖。长方形，紫色。砚匣和砚台三件套。长方形砚池，砚池上方雕刻如意祥云和中国结图案。砚盖刻镜子面，周围有万字不到头和回字纹纹饰，中间雕刻双龙闹海。砚匣底素面。此砚规矩古朴，纹饰简洁，气魄宏阔，古雅可爱，适合作为礼品给喜爱龙文化和宫廷文化的人收藏使用。

11. 五明砚

规格——长 9.2 厘米，宽 6.6 厘米，厚 4.9 厘米

材质——老坑潭柘紫玉石

赏析

见《西清砚谱》卷十六。

砚长二寸八分，下宽二寸，厚约一寸五分。椭圆式。原砚左右侧上方及覆手三柱，共有五眼，为"五明"砚名的由来。

原砚曾经乾隆皇帝鉴赏并题砚铭。

12. 龙池砚

规格——长 17.5 厘米，宽 12.5 厘米，厚 5 厘米

材质——老坑潭柘紫玉石

赏析

见《西清砚谱》卷二十。

砚长五寸三分，宽三寸八分，椭圆式而下稍丰，厚一寸五分。墨池中刻出水龙一，原砚左有鸜鹆眼一，如龙之戏珠。覆手深几及寸。原砚匣盖外镌"龙池"二字，下有"蕉林珍赏"四字，旁有"玉立"二字长方印一。

此砚经顺治年间大学士梁清标鉴藏，并经清乾隆皇帝品鉴，还题写四言诗砚铭一。

13. 蟠夔钟砚

规格——长 14.9 厘米，宽 9.2 厘米，厚 2.6 厘米

材质——老坑潭柘紫玉石

赏析

见《西清砚谱》卷十七。

砚长四寸五分，上宽二寸三分，下宽二寸八分，厚八分许。琢为半钟式。砚面及墨池微洼。砚背圆，仰首刻虫纽钟体，间刻蟠夔饕餮，皆密布雷纹。钟口刻水波纹。此砚荣获第三届"中华砚"评选优秀奖。

原砚有名叫学庄的人刻写的铭文。原砚曾经清乾隆皇帝品鉴，并题写铭文一首。

14. 飞黄砚

规格——长 17.2 厘米，宽 13.2 厘米，厚 2.3 厘米

材质——老坑潭柘紫玉石

赏析

见《西清砚谱》卷十九。

砚长五寸五分，宽四寸，厚七分。椭圆式。受墨处正圆，墨池刻为偃月形，外环以规，密钉如鼓腔。规上下刻四螭。砚背覆手正圆，中刻飞黄一。此砚背刻飞黄而面为鼓形，取黄帝"制记里鼓车"之义。此砚荣获第三届"中华砚"评选优秀奖。

原砚曾经清乾隆皇帝品鉴，并御题砚铭一首。

15. 緘锁砚

规格——长 13.5 厘米，宽 7.2 厘米，厚 1.7 厘米

材质——老坑潭柘紫玉石

赏析

见《西清砚谱》卷二十。

砚长四寸一分，宽二寸五分，厚五分。长方式。砚面正平，墨池刻作锁式，上集凤鸟一，周刻绚纹，外环卧蚕。侧面周刻螭虎。

原砚曾经清乾隆皇帝品鉴，原御题三言砚铭一首。

16. 骊珠砚

规格——长 23.4 厘米，宽 17 厘米，厚 6.6 厘米

材质——老坑潭柘紫玉石

赏析

见《西清砚谱》卷十八。

砚长七寸一分，中宽五寸二分，椭圆式，厚二寸。受墨处居右下方，刻海涛环之。上方及左刻二龙，腾波上下。原砚左上方有活眼一，借作骊龙之珠。右方刻鲸鱼激水。覆手深寸许。

原砚曾经清乾隆皇帝品鉴，并御题七言长诗一首。

17. 仿唐石渠砚

规格——长 11.6 厘米，宽 10.9 厘米，厚 3.3 厘米

材质——老坑潭柘紫玉石

赏析

见《西清砚谱》卷十九。

砚长三寸五分，宽三寸三分，厚一寸。仿唐澄泥石渠式。砚面正方，受墨处外周环以渠，上方微凹如仰月，边周刻流云纹。侧四面各刻阳文螭虎一。四角有趺，雕兽面，承砚。砚背覆手刻作两层，四角各有如意形，斜属于趺。此砚荣获第三届"中华砚"评选银奖。

原砚曾经清乾隆皇帝品鉴，并御题三言诗砚铭一首。

18. 洛书砚

规格——长 16.2 厘米，宽 9.2 厘米，厚 5.6 厘米

材质——老坑潭柘紫玉石

赏析

见《西清砚谱》卷十七。

砚长四寸九分，宽二寸八分，厚一寸七分。长方式。砚面正平，墨池刻作洛水灵龟负书右顾，有腾波蹴浪之势。边周刻黻纹。此砚荣获第三届"中华砚"评选银奖。

此砚曾经清乾隆皇帝品鉴，并御题四言诗铭文一首。

19. 日月叠璧砚

规格——长 21 厘米，宽 14.5 厘米，厚 2.3 厘米

材质——老坑潭柘紫玉石

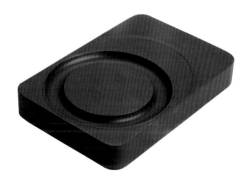

赏析

见《西清砚谱》卷二十一。

砚长六寸三方，宽四寸许，厚七分许。长方式。正面琢为日月合璧形，受墨处外环石渠为墨池，上隐偃月。原砚有较多的铭文、款识和印文。此砚荣获第三届"中华砚"评选优秀奖。

原砚为明代曹三才制作，康熙年间的文人林佶、曹曰瑛、陈奕禧等鉴赏并题砚铭。

20. 玉堂砚

规格——长 16.8 厘米，宽 11.5 厘米，厚 1.7 厘米

材质——老坑潭柘紫玉石

赏析

砚长五寸一分，宽三寸五分，厚五分。制为玉堂式，古朴雅致。

原砚曾经乾隆皇帝鉴赏并题七言绝句诗一首。

21. 浮鹅砚

规格——长 19.8 厘米，宽 16.5 厘米，厚 2.6 厘米

材质——老坑潭柘紫玉石

赏析

见《西清砚谱》卷十七。

砚长六寸，宽五寸，厚八分。椭圆式，琢为鹅形，宛颈翘尾梳翎唼羽，宛如浮鹅之浴波。鹅背洼处为砚，与池相连。砚背为鹅腹，双掌贴然。此砚荣获第三届"中华砚"评选银奖。

原砚曾经清乾隆皇帝品鉴，并御题七言绝句诗一首。

22. 七螭砚

规格——长 25 厘米，宽 17 厘米，厚 4.3 厘米

材质——老坑潭柘紫云石

赏析

见《西清砚谱》卷十八。

砚长七寸五分，宽五寸二分，厚一寸三分。长方式。墨池刻蟠螭一，边上方及左右各刻三螭，两两相向，故名七螭砚。此砚荣获第三届"中华砚"评选铜奖。

原砚曾经乾隆皇帝鉴赏并题诗。

23. 十二章砚

　　规格——长 26.7 厘米，宽 18.8 厘米，厚 7.6 厘米

　　材质——老坑潭柘紫玉石

赏析

　　见《西清砚谱》卷十八。

　　砚长八寸一分，宽六寸，厚二寸三分，椭圆式。受墨处亦椭圆而微偏右下方。四围周刻海涛。上方龙一，下有小龙攫之为相戏状，右旁有大鱼一。侧面周刻有虞十二章图案。覆手深一寸三分许。此砚荣获第三届"中华砚"评选铜奖。

　　原砚曾经清乾隆皇帝品鉴，并御题七言绝句诗一首。

24. 蟠桃砚

　　规格——长 14.9 厘米，宽 13.2 厘米，厚 2.3 厘米

　　材质——老坑潭柘紫玉石

赏析

　　见《西清砚谱》卷十九。

　　砚长四寸五分，上宽四寸，下锐。刻作桃实形，两面桃叶覆之。蒂旁微凹为墨池。此砚磨砻纯熟，古人认为"淘出名手所制"。

　　原砚曾经清乾隆皇帝品鉴，并御题七言诗一首。

25. 双螭瓦式砚

规格——长 19.8 厘米，宽 13.2 厘米，厚 1.7 厘米

材质——老坑潭柘紫玉石

赏析

见《西清砚谱》卷二十。

砚长六寸，宽四寸，厚五分。长方式。砚堂刻如龟形，两跗离几三寸许。砚面周刻双螭，左右内向，背如瓦筒穹起，故名双螭瓦式砚。此砚荣获第三届"中华砚"评选优秀奖。

原砚曾经乾隆皇帝鉴赏并题写砚铭。

26. 天然葫芦砚

规格——长 14.2 厘米，宽 11 厘米，厚 1 厘米

材质——老坑潭柘紫玉石

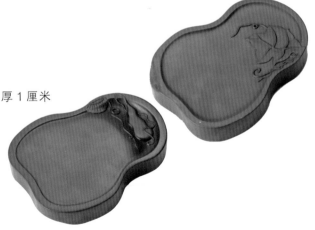

赏析

见《西清砚谱》卷十九。

砚长四寸三分，上宽二寸七分，下宽三寸三分，中微束，天然呈瓢形，厚三分许。墨池略洼，中刻小壶卢一叶，蔓萦绕，砚背刻匏叶一。

原砚曾经清乾隆皇帝品鉴，并御题七言绝句诗一首。

27. 鹦鹉砚

规格——长 16.5 厘米，宽 11 厘米，厚 2.3 厘米

材质——老坑潭柘紫玉石

赏析

见《西清砚谱》卷二十。

砚长五寸，宽三寸三分，厚七分。椭圆式，琢为鹦鹉形。砚面正平，墨池上左方鹦鹉首左顾作饮水状；左右侧两翼下垂，下左方尾上卷。此砚荣获第三届"中华砚"评选优秀奖。

原砚曾经乾隆皇帝鉴赏并题诗。

二、创意砚

创意砚，一般是指在砚式、题材、雕刻手法上有独特创新而前人所无的砚艺作品。创新，是砚艺发展的生命力，是潭柘紫石砚能够独立于砚台之林的根基。许多艺人把毕生心血都投入到创意砚的制作之中，千姿百态，意境层出，在砚艺的百花园里添上了自己的芬芳。

1. 蛟龙砚

    规格——长 13.5 厘米，宽 13.5 厘米，厚 3.5 厘米

    材质——潭柘紫金石

赏析

    整体设计为"四水回归"。砚池采用汉代皇家藏书楼石渠阁四面环水的造型，又称四水归源。砚边浅刻水波纹，象征四大洋，寓意中华文化的伟大复兴和世间的和平安宁。砚额刻篆书"聚砚斋"三字。砚背浮雕蛟龙戏珠，边刻刘红军将军题铭"蛟龙砚"三字。此砚的原砚 2013 年随我国深海载人潜水器"蛟龙号"下潜 5200 米，是中华潜海第一砚。

2. 飞天砚

    规格——长 21 厘米，宽 13.5 厘米，厚 2.5 厘米

    材质——潭柘紫云石

赏析

    长方形，紫色。正面刻象耳古瓶，瓶腹刻红山文化的"中华第一龙"为砚池，瓶颈刻"聚砚斋"三字。砚背刻敦煌"飞天"图案，并题铭"飞天砚"三字。此砚象征中华太平盛世，龙的传人正在实现飞天梦想。气势宏大，立意高远。此砚的原砚曾在 2012 年随神舟九号登上太空，成为"中华飞天第一砚"，是具有特殊意义的高品位收藏品。

3. 聚宝套盒

规格——砚台直径 17.5 厘米，厚 5.5 厘米

材质——老坑潭柘紫玉石

赏析

砚台圆盆形，紫色。砚中心开日轮形砚堂和砚池，通体素面。配以二镇纸，上刻篆书体"玄心思永定，道眼望长安"，为篆刻名家余德海首创刻字。砚台为文房四宝之首，且经书画家使用后产出的艺术品往往价值连城，给使用者带来财富和功名，因名为"聚宝"。此套盒的文房用品材质优异，造型古朴，寓意美好，最适合北京书画家收藏和使用。

4. 天下平安砚

规格——长 34 厘米，宽 25 厘米，厚 4.5 厘米

材质——老坑潭柘紫玉石

赏析

长方形，羊肝紫色。砚池内雕刻古瓶造型，瓶体上开砚堂，四围蕉叶、缠枝莲纹饰，瓶颈刻虎头。整体寓意天下平安，人间大治。砚背刻启功先生行书体颂潭柘紫石砚诗歌一首。此砚造型古朴，布局得体，刀法洗练，材质优异且虎头有俏色，为砚中上品。

5. 兵法砚

规格——长 53 厘米，宽 21 厘米，厚 6.5 厘米

材质——松花石

赏析

不规则长方形，黄褐色。竹简造型，中心开椭圆形砚池，砚体刻隶书体《孙子兵法·计篇》，阐释战争对于国家民族的重要性和战争胜利的根源所在。《孙子兵法》是我国兵法文化的灿烂篇章，在世界军事思想史上占有独特的地位。此砚造型古拙，雕工精美。

6. 赏菊砚

规格——长 20 厘米，宽 13 厘米，

厚 2.5 厘米

材质——老坑潭柘紫玉石

赏析

长方形，紫色。砚中心开日轮形砚堂和砚池，左侧刻岩石上盛开的菊花，右侧刻启功先生赞誉潭柘紫石砚诗句，顶部刻吉祥纹饰。此砚造型规矩，打磨精细，寓意美好。

7. 事事平安砚

规格——长 44 厘米，宽 20 厘米，
厚 7 厘米

材质——老坑潭柘紫玉石

赏析

整体造型如一尾鲤鱼。此砚运用了多种雕刻技法，挥洒如意。鱼体中心为砚池，右刻两个柿子，左侧刻如意云头并有小龙护持。底部刻祥云缭绕下的寿山福海，砚侧刻"平安"二字。整体设计颇具匠心，寓意美好祥和，象征事事（柿柿）平安。

8. 鱼化龙砚

规格——长 63 厘米，宽 42 厘米，
厚 19 厘米

材质——老坑潭柘紫玉石

赏析

不规则菱形，前高后低。砚体核心为砚池，池后壁雕一尾巨型鲤鱼，嬉游于波涛之中，鱼尾已化为龙形。该砚造型运用了"鲤鱼跳龙门"的典故，鱼龙变化刻画得自然生动，可观可赏。

9. 双井石渠砚

规格——边长 19 厘米，厚 3.5 厘米

材质——老坑潭柘紫玉石

赏析

    正方形，边角略圆。主体为方井石渠，左上刻小方井。上部刻草书"观海"二字，左侧刻王夫之草书"才以用而日生，思以引而不竭"的名句。造型简洁实用，文化气息浓郁。

10. 紫云观海砚

规格——边长 19 厘米，厚 3.5 厘米

材质——老坑潭柘紫玉石

赏析

    正方形，边角略圆。砚面右下为石渠砚池，左上为小型古井纹饰。右上为篆书"紫云"二字，左下为草书"观海"二字。整体设计古朴雅致，浑厚静穆，气韵祥和。

11. 如意云纹砚

规格——直径 26 厘米，厚 8 厘米

石质——老坑潭柘紫玉石

赏析

圆形。连体组合件，砚盖底部为砚池，砚体下部为洗，实用性较强。砚盖顶部采用了战国时期雕漆器具的如意云纹图案，以三个如意云头聚合组成，古朴庄重，协调流畅，雕工细腻，深受书画名家赞赏。

12. 方井石渠砚

规格——边长 20 厘米，厚 5 厘米

材质——老坑潭柘紫玉石

赏析

正方形。以方形井架为砚池，正方砚堂被石渠围绕，方正朴厚。砚侧雕刻"石缘"二字，有"与石为友，护持砚田"之意。配以镇纸二，刻行书体楹联"千秋遰矣独留我，百战归来再读书"。

13. 井井有田砚

规格——长 28 厘米，宽 21 厘米，

高 4.5 厘米

材质——老坑潭柘紫玉石

赏析

长方形。砚体主体为正方形砚池，右上雕刻方井石渠，左上部刻草书体"井井有田"。井寓意环境，田寓意富足。配以篆书镇纸，显得古朴雅致。此砚设计巧妙，雕工精美。

14. 鸟巢砚

规格——长 30 厘米，宽 23 厘米，

厚 7 厘米

材质——老坑潭柘紫玉石

赏析

椭圆形。整体再现了 2008 年北京奥运会主场鸟巢馆造型，主体为砚堂和砚池。设计巧妙，雕工精美。

15. 中国龙砚

规格——长 45 厘米，宽 39 厘米，厚 8 厘米

材质——老坑潭柘紫玉石

赏析

中国版图造型。砚面东西相对刻二龙戏珠，下刻古松、海水。砚池在版图当中略下，池边微微拱起，似一轮红日从海上升起。整个作品寓意炎黄子孙如日中天，前程似锦。刻工精细，布局合理。

16. 秦砖汉瓦套砚

规格——长 19 厘米，宽 10 厘米，厚 5.5 厘米

材质——老坑潭柘紫玉石

秦砖式灵芝砚

赏析

长方形秦砖造型，绛紫色。四周及砚背素面，正面下部开椭圆形砚池，上部雕刻小盆形笔洗，笔洗和砚池之间刻画灵芝。此砚造型古朴雅致，布局简洁舒展，材质优异且打磨精细，寓意美好，堪称上品，适于名人收藏。

规格——长 19.5 厘米，宽 12.5 厘米，厚 5.5 厘米

材质——老坑潭柘紫云石

汉瓦式福纹砚

赏析

长方形汉代板瓦造型，紫色。砚中心开门字形砚堂和砚池，顶部刻吉祥福纹。砚背素面。此砚造型古朴雅致，布局简洁舒展，材质优异且打磨精细，寓意美好，堪称上品，适于名人收藏。

17. 龙鼎砚海

龙鼎砚海正面

龙鼎砚海背面

规格——长 1.9 米，宽 1.5 米，厚 1.2 米

材质——京西马鞍山紫石

赏析

选用京西马鞍山紫石，经过精细雕琢而成。其石自古为皇家制砚精品，石质细腻、温润、色紫如玉、研之有光、呵气成云，因毗邻千年古刹潭柘寺，故称"潭柘紫石砚"。

选材为长 1.9 米、宽 1.5 米、厚 1.2 米，重约 8 吨左右的巨石。此砚由青年刻砚家孔祥斌创意构思，形成自主品牌，具有京城地域文化特色的元代文物特征，依形造势、因势象形，波涛汹涌的大海，有纳百川、容万物之宽广，海浪翻滚之处，一尊巨龙腾空而起，跃出海面，云海相连形成气壮山河之势，象征中华民族的崛起，砚海运用圆雕、透雕、浮雕、线雕等艺术表现手法，将海浪云纹、摩崖石刻表现得浑然天成，淋漓尽致。

红色花岗岩底座，上铺五彩斑斓的雨花石，象征五彩缤纷的祖国大地，主体与底座上圆下方，浑然一体、和谐圆满、自然统一，是一尊难得的艺术珍品。

18. 民族大团结巨砚

规格——长 170 厘米，宽 140 厘米，厚 42 厘米

材质——老坑潭柘紫玉石

赏析

为新中国成立 65 周年而作，寄托着中华 56 个民族的伟大复兴梦想，国砚艺术馆的镇馆之宝！

此砚形体巨大，气势宏伟，布局巧妙，雕刻精美绝伦。它选用优质老坑潭柘紫石，由尚征武、梁海英、白云等多名工艺美术大师精工细作，费时两年才告完成。

砚体以中国大陆版图形态为依托背景，砚面雕刻须鬣戟张的56条龙（象征56个民族），在激越的海浪上空环绕砚心起舞飞腾。圆盘状砚盖上祥云密布、长城巍峨，松竹梅茂盛，并雕刻前外交部部长李肇星特意题写的"民族大团结"五字。

龙，中国古代传说中的灵异神物，乃万兽之首。为中华民族的共同图腾，是中华民族的精神象征。在这个旗帜下，中华民族的先人们开创了五千年的灿烂文明，巍然屹立在世界的东方！

19. 五相砚

规格——长 50 厘米，宽 34 厘米，厚 6 厘米

材质——老坑潭柘紫玉石

赏析

不规则椭圆形，猪肝紫色。中心开池塘式砚堂，斜连砚池，一龙盘踞其中。通体雕刻海浪、祥云、蝙蝠、如意等抽象纹饰，寓意五相。五相，指人生的面相、说相、写相、性相、悟相。五相，也可解为无相，即人混沌于天地之中，可多角度地实践和感悟鱼龙变幻、沧海桑田。此砚材质优异，砚艺精湛，雕刻手法互相贯通运用，制作者对人生的思考和感悟也寄托于砚雕之中，耐人回味。

三、花式砚

花式砚，主要指利用石材的特质施展砚艺而创作的砚式高雅古拙的砚台。花式砚的制作，需要作者具有传统砚式的造型能力和对传统纹饰的熟练处理能力。潭柘紫石砚的花式砚，雕刻精美，式样典雅，纹饰繁复，意境高古。

1. 百福致祥砚

规格——长 40 厘米，宽 30 厘米，厚 12 厘米

材质——优质绿色端砚石材

赏析

当代大师级名砚。椭圆形柱体，黄绿色。正面主体为砚堂和砚池，各个表面雕刻 100 只大小不等的蝙蝠，齐聚龙庭。雕工精细，构图繁复，刀法精良，吉祥喜庆，表达了作者期盼祖国昌盛，人民幸福的美好愿景。

2. 兰亭聚贤砚

规格——长 30 厘米，宽 24 厘米，厚 13 厘米

材质——优质绿色端砚石材

赏析

当代大师级名砚。椭圆形柱体，黄绿色。正面主体为砚堂和砚池，各个表面的雕刻再现了晋朝兰亭聚会、流觞曲水的场景，清丽俊雅，人物众多。雕工精细，构图繁复，气象万千，显示了作者驾驭复杂题材的坚实功力。

3. 仿石鼓砚

规格——上部直径 19 厘米，厚 14 厘米

材质——老坑潭柘紫玉石

赏析

近圆柱体，绛紫色。古代石鼓造型，底部为柿蒂形式，顶部为如意砚堂，雕工简洁明快。石鼓为我国现存最早的石刻，受到历代文人的重视，清乾隆时期就曾仿制。此砚造型古雅，雕工精致，打磨功夫老到。由于不刻一字，也就为收藏者留下了题铭的空间，为难得之仿古砚佳作。

4. 镜花水月洗和事出沉思砚

（1）镜花水月洗

规格——长 30 厘米，宽 22 厘米，
厚 4.5 厘米

材质——老坑潭柘紫金石

赏析

不规则椭圆形，绛紫色。设计上独出心裁，以自然石材镂挖深池作洗，雕刻祥云如穿云望月。此砚处处精工细作而饶有趣味，使人浮想联翩，为砚中精品。

（2）事出沉思砚

规格——长 21.5 厘米，宽 21.5 厘米，
厚 6 厘米

材质——老坑潭柘紫金石

赏析

正方形，绛紫色。砚式方直，石渠作砚堂和砚池，构成古井形态。左上角和右下角缀附岩石悬耳，方正沉稳中蕴含深意，为砚中精品。

5. 枯松砚

规格——长 23 厘米，宽 15 厘米，厚 6.5 厘米

材质——老坑潭柘紫玉石

赏析

松桩造型，暗紫色。正面枯松主干，正面松皮鳞鳞，顶部刻松针寓意着生命的活力，中部开砚堂和砚池，下部有"古风"二字印章并伴有年轮。松，四季常青，气节高尚。此砚材质优异，雕工精湛，木质感强烈，古朴实用。

6. 古钱币砚

规格——长 27 厘米，宽 22 厘米，厚 3 厘米

材质——老坑潭柘紫玉石

赏析

不规则长方形。正面主体为砚池，池沿叠刻各种类型古钱币，时空回溯，赏心悦目。中国古代钱币萌芽于夏代，起源于殷商，发展于东周，统一于嬴秦，历经了四千多年的漫长历史，创造了七十多项世界之最。不仅如此，中国钱币系统之完整，门类之丰富，脉络之清晰，内涵之博大，是任何一个国家都无法比拟的。

7. 一夜成名砚

规格——长 40 厘米，
宽 25 厘米，厚 11 厘米

材质——老坑潭柘紫玉石

赏析

藤叶重叠造型。以大藤叶为砚池，叶柄处雕一叶脉明晰的小叶，小叶上趴伏一蝉在振翅鸣唱。叶谐音夜，蝉鸣通名，寓意一夜成名天下知。此砚造型古雅，布局简洁，尤其对蝉和叶子的刻画，极为精细。

8. 玉兰洗

规格——长 48 厘米，宽 22 厘米，厚 13 厘米

材质——老坑潭柘紫玉石

赏析

不规则三角形。中心为洗池，边缘雕刻盛开的玉兰花，一侧有篆书"玉洗"二字。玉兰花为我国特有的名贵园林花木之一，原产于长江流域，在庐山、黄山、峨眉山等处尚有野生。玉兰花代表着报恩。玉兰经常在一片绿意盎然中开出大轮的白色花朵，随着那芳郁的香味令人感受到一股难以言喻的气质，清新可人。因其株禾高大，开花位置较高，迎风摇曳，神采奕奕，宛若天女散花，非常可爱。

9. 松间明月

规格——长 44 厘米，宽 26 厘米，
厚 6 厘米

材质——老坑潭柘紫云石

赏析

不规则椭圆形。主体为砚池，右侧山石上挺立古松一株。松叶缝隙间，一月映照池内（实际
为一俏色石眼），妙趣横生。奇特之处还在于此砚下缘颜色渐黄，与主体紫色相映成趣。

10. 一团和气

规格——长 22 厘米，宽 20 厘米，
厚 2 厘米

材质——老坑潭柘紫玉石

赏析

荷叶形。砚面为一老荷叶，内含浑圆形砚池，砚池充满砚体，古朴、祥和，"荷"同"和"，
寓意"一团和气"。

11. 岁寒三友砚

规格——长 30 厘米，宽 21 厘米，厚 4.5 厘米

材质——老坑潭柘紫玉石

赏析

不规则椭圆形。砚池上有盖，与砚体组合为一体。砚体雕刻古松、翠竹，与砚盖上梅花组成 "岁寒三友" 图案。"岁寒三友" 为古代文人表达节操和志向的通用题材。此砚雕刻精细，布局紧凑。

12. 四灵风水砚

规格——长 31 厘米，宽 22 厘米，厚 8.5 厘米

材质——老坑潭柘紫玉石

赏析

古圭形，紫色。长方形砚池，砚盖雕玄武，四周刻青龙、白虎、朱雀，为古人风水定位之依据。刻工古拙，尤以砚盖上玄武最为传神，文化含量较高。

13. 新篁砚

　　规格——长 22 厘米，宽 13.5 厘米，厚 6.5 厘米

　　材质——老坑潭柘紫云石

赏析

　　老竹节造型，紫褐色。正面开长方形砚堂和砚池，老竹节上透雕一枝俏色新竹，枝叶纷披，生机勃勃，寓意"新竹高于旧竹枝，全凭老干为扶持"。此砚设计巧妙，雕刻精细，材质优异，寓意美好，适合作为给老领导、老师表示不忘恩情的礼品。

14. 鹤鹿同春

　　规格——长 29 厘米，宽 24 厘米，厚 3.5 厘米

　　产地——北京

　　材质——老坑潭柘紫玉石

赏析

　　不规则长方形，暗紫色。池沼式砚池，主题表现鹤鹿同春。左下为鹤，右下为鹿，顶部为古松和祥云。鹤象征长寿，鹿同禄，象征官运亨通。此砚布局合理，造型古拙，适合送给德高望重的人士，带给他们美好的祝福。

15. 古松如意砚

　　规格——长 14.5 厘米，宽 10.5 厘米，厚 3 厘米

　　材质——老坑潭柘紫玉石

赏析

　　不规则长方形，紫色，三件套。砚盖刻两株古松，叶茂干挺。砚体开方塘式砚堂，斜连砚池，砚堂顶部刻一柄如意，缠绕中国结丝线。松，象征长寿和节操；如意，象征吉祥。整体寓意古松如意。此砚刻工精细，古朴典雅，赏心悦目。

16. 荷塘砚

　　规格——长 14.5 厘米，宽 10.5 厘米，厚 3.5 厘米

　　材质——老坑潭柘紫玉石

赏析

　　椭圆形，紫色，形制仿自清乾隆款荷塘砚，分为砚体、砚底和砚盖三件。砚体的砚面周边起棱，棱内作玉堂式砚堂，斜连砚池。砚背周边起宽棱，中央刻乾隆皇帝的御制铭文。砚盖雕刻荷塘图，各式荷叶涨满荷池，叶子之间荷花盛开，生机勃勃。此砚制式典雅，雕工精湛，颇具文人砚之美。

四、随形砚

随形砚，也称天然砚，一般指保留砚材的基本原始形态，造型上不改变砚材外缘形状的砚艺作品。因为砚材各异，一般不会出现雷同的作品。随形砚的制作，需要作者充分利用砚材的天然外形特点，随形施艺，巧夺天工。潭柘紫石砚的随形砚，材料上既用潭柘紫石，也用端石，充分利用石材的质感和俏色，多用薄意雕手法，高下相对，色泽互衬，质感强烈，题材广泛，颇具功力。

1. 驼耕图随形砚

规格——长 25.5 厘米，宽 21 厘米，厚 5 厘米

产地——北京

石质——端砚石材

赏析

不规则椭圆形，绛紫色。砚台表面石皮锈色斑驳，主体为日月形砚池，池内有石眼似泉，醒目生动。左侧浅刻古代"驼耕图"，描绘古人驯化骆驼耕地犁田的情景。一般人认为牛可耕田，其实古人早就用骆驼耕田了，这是有出土的古代画像佐证的。此砚石材优异，雕工古拙，动物和人物的刻画极见功力，颇具收藏价值。

2. 紫云随形砚

　　规格——长 34 厘米，宽 15 厘米，厚 43 厘米

　　产地——北京

　　石质——端砚石材

赏析

　　不规则山岳形，绛紫色。砚池在下，顶部刻"紫云"二大字。中部右侧仿摩崖石刻，刻唐诗"端州石工巧如神，踏天磨刀割紫云。"左侧上刻"紫玉之英，翰墨之盟"。字皆为草书，飘逸秀美。左下镌刻印文二，一为"石缘"，一为"紫玉含英"，均阴刻，字体朱红。此砚石材优异，刻工古拙，意蕴深厚。可实用，也可作为摆件观赏。

3. 梅花报春随形砚

　　规格——长 42 厘米，宽 21 厘米，厚 8 厘米

　　产地——北京

　　石质——老坑潭柘紫玉石

赏析

　　不规则长方形，绛紫色。四围保持石材原始形态，略事雕琢。左侧为池沼式砚池，砚池右下雕刻一树梅花，奇葩盛开，暗香浮动，预示春天的即将来。此砚造型古拙，设计巧妙，雕工精美，颇得古人意趣。

4. 七星岩随形砚

规格——长 30 厘米，宽 12 厘米，厚 48 厘米

产地——北京

石质——端砚石材

赏析

山岳形，黄紫色。中下部为矩形砚堂和砚池，顶部刻"七星岩"三字，朱红色，楷书。周身布满摩崖石刻和印文。七星岩为广东肇庆著名风景区，保留众多的古代摩崖石刻，其中唐代李北海正楷《端州石室记》是七星岩摩崖石刻的珍品。石刻群的文体有诗、词、歌、赋、对联、题记，其中诗有 252 首，陈毅元帅撰诗称之为"千年诗廊"。此砚艺术特色突出，石材优异，刻工拙中见巧，文化气息浓郁。

5. 天池随形砚

规格——长 36 厘米，宽 33 厘米，厚 5 厘米

产地——北京

石质——端砚石材

赏析

不规则椭圆形，黄紫色。砚池在下，呈不规则矩形，池内石纹闪烁，有天光云影之态。顶部刻"天池"两大字，字体朱红，楷书。上下左右两侧仿摩崖石刻，刻四处草书铭文，均阴刻，绿色，飘逸秀美。此砚石材优异，石皮色彩斑驳，刻工古拙并特意保留石材的原始风貌，文化意蕴深厚。

6. 福禄双全砚

规格——长 28 厘米，宽 22 厘米，厚 4 厘米

材质——老坑潭柘紫玉石

赏析

整体为葫芦状。表面界格为大小两个砚池，大砚池葫芦形，小砚池内外雕刻藤蔓相连的亚腰葫芦。寓意福禄双全。此砚造型古朴，刀法洗练。

7. 大山水砚

规格——长 67 厘米，宽 35 厘米，厚 18 厘米

材质——老坑潭柘紫玉石

赏析

不规则椭圆形，紫色，属于大型山水随形砚。主体为日轮形砚堂和池塘式砚池，左侧刻祥云、峭壁、古松等山水景色。此砚布局疏朗，雕工精细，可观可赏。

8. 残碑砚

　　规格——长 40 厘米，高 34 厘米，厚 8 厘米

　　材质——老坑潭柘紫玉石

赏析

　　不规则长方形。正面中心为大玉堂式样，砚池上部和下部刻写古代残碑，有行书、草书、隶书各体。古碑是我国特有的文化传承方式，碑文的年代越久，文字残破缺损越严重。此砚碑文似是山岳间的摩崖形式，古朴凝重，耐人回味。

9. 节节高升砚

　　规格——长 49 厘米，宽 18 厘米，厚 9 厘米

　　材质——老坑潭柘紫玉石

赏析

　　不规则长方形。主体刻一老竹的断面，中心为砚池。在老竹节上诞生新竹，绿鬓婆娑，有超越老竹之势。有节节高升的寓意，也有"新竹高于旧竹枝"的意境。此砚在题材上适合作为年轻人送给老前辈的礼物，也适合作大型文案的摆件。

10. 月下独酌砚

规格——长 40 厘米，宽 28 厘米，厚 4 厘米

材质——潭柘紫石

赏析

长方形。此砚以砚池象征明月，池边刻云雾，月下一古人正举杯邀月，古人似乎已醉意朦胧，巧妙再现了我国唐代大诗人李白在月下独酌，超然物外的意境。

11. 坐观风云起砚

规格——长 45 厘米，宽 23 厘米，厚 10 厘米

材质——老坑潭柘紫玉石

赏析

暗紫色，随形砚。主体开池塘式砚池，砚池宽泛。顶部微刻远山，右下部刻奇松怪石，一人坐姿远望，对景抒情，有"坐观风云起"的意境。此砚随形施艺，朴拙古雅，意境淡远，可观可赏。

五、民俗砚

民俗砚，一般是指利用砚材制作的反映民俗文化题材的砚艺作品。民俗文化，是带有地域特色和反映民族传统心理观念的物质或非物质的表现形式。民俗砚的制作，需要作者充分了解地方特色，了解传统文化题材，才可以创作出具有民俗文化特色的砚艺作品。潭柘紫石砚的民俗砚，题材上多采用北京民俗中有代表性的文化符号，成为"北京礼物"的代表作之一，为北京市的文化发展做出了自己的独特贡献。

1. 太平鼓砚

规格——长 23 厘米，宽 14 厘米，厚 3 厘米

材质——老坑潭柘紫云石

赏析

正面松木板造型，紫色。以如意尾花的京西太平鼓为雕刻主体，鼓面开砚堂，砚缘有"京西太平鼓"印文。底部断砖造型，刻 2008 北京奥运会会徽五环图案，下刻篆书体"北京潭柘紫石砚"方印一。此砚为北京奥运会创作，刻画生动传神，宣传了北京市"非遗"项目京西太平鼓的文化意义。

2. 天下平安砚

　　规格——长 35 厘米，宽 25 厘米，厚 5 厘米

　　材质——老坑潭柘紫玉石

赏析

　　长方形，羊肝紫色。砚池内雕刻古瓶造型，瓶体上开砚堂，四围蕉叶、缠枝莲纹饰，瓶颈刻虎头。整体寓意天下平安，人间大治。砚背刻启功行书体颂潭柘紫石砚诗歌一首。此砚造型古朴，布局得体，刀法洗练，为砚中上品。

3. 龙潭二青

　　规格——长 51 厘米，宽 32 厘米，
厚 10 厘米

　　材质——老坑潭柘紫玉石

赏析

　　不规则造型。砚堂圆如明月，砚池宽大无涯，上刻大小二龙，再现了京西龙潭大小二青龙为解京师大旱，在空中兴云布雨的典故。此砚材质优异，对龙的刻画极为丰满，栩栩如生。

4. 椒图瓦当砚

　　规格——直径 20 厘米，厚 3 厘米

　　材质——老坑潭柘紫玉石

赏析

　　瓦当造型，羊肝紫色。中心开砚堂和砚池，上缘刻椒图形象。椒图，龙子之一，性好闭，最反感别人进入它的巢穴，铺首衔环为其形象。此砚以瓦当指代小环境，以椒图表达个人性格寓意，形象古朴，刀法洗练。

5. 福禄如意砚

　　规格——长 18 厘米，宽 12.5 厘米，

厚 3 厘米

　　材质——老坑潭柘紫玉石

赏析

　　长方形，紫色。砚体为葫芦形砚堂和砚池，环一如意祥云，背刻如意绳结。砚盖雕如意云包裹的"福"字斗方，边沿刻回字纹，底边刻篆书体"避暑山庄藏砚"。很明显，此砚是仿清代避暑山庄藏砚，寓意"福禄如意"。

6. 二龙戏珠方砚

规格——长 18 厘米，宽 15 厘米，厚 3.5 厘米

材质——老坑潭柘紫金石

赏析

　　长方形，紫色。下部开椭圆形砚堂和砚池，上部刻二龙戏珠图案，突出龙头神态，把龙身隐在砚台侧面。《述异记》讲，"凡有龙珠，龙所吐者……越人谚云：'种千亩木奴，不如一龙珠。'"上述说法讲了两个意思：一是龙珠常藏在龙的口腔之中，适当的时候，龙会把它吐出来；二是龙珠的价值很高，用民谚来说，就是得一颗龙珠，胜过种一千亩柑橘。

7. 福到眼前砚

规格——长 20 厘米，宽 13 厘米，厚 2.5 厘米

材质——老坑潭柘紫玉石

赏析

　　长方形，紫色。砚下部开日轮形砚堂和砚池，上部刻对飞的二蝙蝠和吉祥花饰，边缘刻回字纹。砚背刻厂标。此砚造型规矩，打磨精细，寓意"福到眼前"。

8. 食为天灶台砚

规格——长 17 厘米，宽 15 厘米，厚 8 厘米

材质——老坑潭柘紫玉石

赏析

灶台形状，暗紫色。正面开圆形砚池，象征大锅。周围雕刻砖石砌起的灶台，雕刻精细。此砚以灶台入砚艺，突出"民以食为天"的主题，生活气息浓郁。灶台，是国人数千年来生活的依靠，由灶神主管，民间年年祭灶。虽然灶台已离我们远去，但人们对它的重视程度丝毫不减。

9. 刘海戏金蟾

规格——长 18.5 厘米，宽 12 厘米，

厚 3.5 厘米

材质——老坑潭柘紫玉石

赏析

长方形，暗紫色。砚堂和砚池间刻如意云纹饰和瑞兽，砚盖上刻刘海戏金蟾的民俗题材，刀法简洁洗练。出现在雕塑、绘画和工艺品之中的刘海蟾多为蓬发赤足的少年形象。民间视刘海蟾为福神、财神，并流传"刘海戏金蟾，步步钓金钱"之说。

10. 松鹤延年砚

规格——长 12 厘米，宽 9.5 厘米，

厚 3.5 厘米

材质——老坑潭柘紫玉石

赏析

古器物造型，紫色。砚匣与砚台三件套组合。砚池顶部刻灵芝如意，砚匣刻古松与舞鹤，匣底素面。松与鹤为古人祝寿题材，灵芝如意为古人心智打开的意向灵物。此砚造型别致，雕刻精美，实用美观。

11. 虎头铺首砚

规格——长 13 厘米，宽 11 厘米，厚 2.5 厘米

材质——老坑潭柘紫玉石

赏析

古代铺首造型，暗紫色。上为虎头，虎口处衔环起棱作砚外缘，包围砚堂，并以虎口为砚池。背面中心刻一楷书体"爨"字。整体造型小巧玲珑，古雅可爱，既可实用又可欣赏把玩。铺首是含有驱邪意义的汉族传统建筑门饰。一般多以金属制作，作虎、螭、龟、蛇等形。此砚以虎头衔环铺首为造型，反映了国人自古以来具有的趋吉避凶的民俗心态，造型准确生动，创意独到。

12. 生肖龙砚

规格——长 27 厘米，宽 18 厘米，厚 8.5 厘米

材质——老坑潭柘紫玉石

赏析

　　长方形，暗紫色。十二生肖砚之一，分为砚体和砚盖两部分。砚体刻松竹梅岁寒三友，开椭圆形砚堂和砚池。砚盖雕刻龙飞九天，并伴以祥云、远山。龙，炎黄子孙的图腾，纵横天下。此砚雕工精湛，寓意吉祥，美观大气，适合收藏和实用。

13. 生肖马砚

规格——长 27 厘米，宽 18 厘米，厚 8.5 厘米

材质——老坑潭柘紫玉石

赏析

　　长方形，暗紫色。十二生肖砚之一，分为砚体和砚盖两部分。砚体刻松竹梅岁寒三友，开椭圆形砚堂和砚池。砚盖雕刻飞奔的骏马，并伴以祥云、远山、植物。马，事业成功的象征，活力四射。此砚雕工精湛，寓意吉祥，美观大气，适合收藏和实用。

14. 生肖虎砚

规格——长 27 厘米，宽 18 厘米，

厚 8.5 厘米

材质——老坑潭柘紫玉石

赏析

长方形，暗紫色。十二生肖砚之一，分为砚体和砚盖两部分。砚体刻松竹梅岁寒三友，开椭圆形砚堂和砚池。砚盖雕刻跳跃呼啸的猛虎，并伴以远山、古松、梅花、卷草。龙，炎黄子孙的图腾，活力四射。此砚雕工精湛，寓意吉祥，美观大气，适合收藏和实用。

15. 生肖雄鸡砚

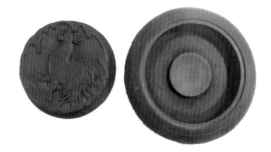

规格——直径 18 厘米，厚 8 厘米

材质——老坑潭柘紫玉石

赏析

圆形。连体组合，下为砚体，上为砚盖。砚体内外圆润光滑，内部为敛口洗子形，池深腹阔。砚盖上刻一长鸣的雄鸡，栩栩如生。有大吉大利的寓意。

16. 招财进宝砚

规格——直径 17.5 厘米，厚 5.5 厘米

材质——老坑潭柘紫玉石

赏析

圆形，暗紫色。分为砚体和砚盖两部分。砚体开日轮式砚堂和砚池，砚盖雕刻双龙在古币堆中腾跃，寓意招财进宝。此砚材质优异，造型中规中矩，刀法精细，美观大气，寓意吉祥。

17. 五子登科砚

规格——长 29 厘米，宽 26 厘米，厚 8 厘米

材质——老坑潭柘紫玉石

赏析

不规则椭圆形，紫色。整体作数枚倒扣荷叶造型，中心为砚堂和砚池，砚堂左上角刻画五只蝌蚪嬉戏，情趣盎然，寓意五子登科、人才辈出。此砚造型古朴，刀法洗练，意趣超然。